"十四五"职业教育装备制造类新形态系列教材

ZHINENG KONGZHI GONGCHENG SHIJIAN CHUANGXIN JIAOCHENG

智能控制工程实践创新教程

主　编◎冯　强　杨　柳　宋立红
副主编◎贺东梅　董志杰　杨　静　宋　姗

中国铁道出版社有限公司
CHINA RAILWAY PUBLISHING HOUSE CO., LTD.

内容简介

本书针对职业院校信息技术专业教学需要，以TQD-AIOT工程创新实训平台为载体，遵循工程实践创新项目EPIP教学模式；将课程拆分为若干个项目，强调学习和实践的知识点，以培养学生的AIOT工程素养。全书共分四篇（八个项目），内容包括：走进工程实践创新课程平台，智能灯光系统、智能报警系统、智能风扇系统、绚丽灯光系统的搭建与调试，走进迷宫机器人，迷宫机器人的调试与竞赛，走进创新平台虚拟仿真系统。学生通过学习各个项目，并参与迷宫机器人竞赛，可提升动手能力和实践能力，培养创新思维和创新意识。

本书适合作为职业院校信息技术等专业的教材，也可作为职业启蒙、科普活动的参考读物，还可作为企业工程技术人员的培训教材，以及迷宫机器人爱好者的参考书。

图书在版编目（CIP）数据

智能控制工程实践创新教程 / 冯强，杨柳，宋立红主编 . —北京：中国铁道出版社有限公司，2024. 6
“十四五”职业教育装备制造类新形态系列教材
ISBN 978-7-113-31141-4

Ⅰ. ①智…　Ⅱ. ①冯… ②杨… ③宋…　Ⅲ. ①智能控制 - 职业教育 - 教材　Ⅳ. ① TP273

中国国家版本馆CIP数据核字（2024）第067357号

书　　名：智能控制工程实践创新教程
作　　者：冯　强　杨　柳　宋立红

策　　划：何红艳　　**编辑部电话：**（010）63560043
责任编辑：何红艳　彭立辉
封面设计：曾　程　郑春鹏
责任校对：苗　丹
责任印制：樊启鹏

出版发行：中国铁道出版社有限公司（100054，北京市西城区右安门西街8号）
网　　址：https://www.tdpress.com/51eds/
印　　刷：番茄云印刷（沧州）有限公司
版　　次：2024年6月第1版　2024年6月第1次印刷
开　　本：787 mm×1 092 mm　1/16　**印张：**10.5　**字数：**194千
书　　号：ISBN 978-7-113-31141-4
定　　价：59.80元

作者简介

冯强

天津市第一轻工业学校，高级讲师，工程师，国家级创新团队成员。先后赴德国、新加坡等地交流学习。主持市级教科研课题2个，参与国家、市级课题7个；获国家级教学成果二等奖1项，天津市教学成果特等奖1项、一等奖2项、二等奖1项；出版教材3本，发表论文7篇；参加比赛获国家级、市级奖7项，指导学生参加各级比赛获奖24项，多次荣获优秀指导教师；获得实用新型专利1项。主持的“自动化设备及生产线调试与维护”被评为天津市职业教育在线精品课，并入选天津市职业教育一流核心课程，主持的“机电技术应用专业教学资源库”入选天津市职业教育专业教学资源库，主持的机电“双师型”名师工作室入选天津市职业院校教师素质提高计划国家级培训海河名师（名匠）团队培育项目。

杨柳

天津市第一轻工业学校，高级讲师，国家级职业教育教师教学创新团队负责人，中国职业技术教育学会教育数字化工作委员会委员。出版教材3本，发表论文4篇；指导选手获天津市中职技能大赛一等奖4人次，二等奖5人次，三等奖1人次；作为天津市代表队领队取得全国中职技能大赛物联网赛项二等奖1项；多次获评天津市中职技能大赛优秀指导教师，取得维修电工高级技师、考评员资格，获得实用新型专利1项、发明专利1项；先后主持、参与8项国家及市级科研课题，获得国家级教学成果奖二等奖3项，天津市教学成果特等奖3项、一等奖3项、二等奖2项，获天津市教学能力大赛一等奖1项。先后赴德国、新加坡，以及我国台湾地区开展职业教育专题访学及交流，积极推动学校专业课程改革创新，促进人才培养质量持续提升。

作者简介

宋立红

启诚智能鼠创始人，高级工程师，20余年致力于智能微型运动装置（迷宫机器人）的软硬件开发设计生产服务工作。近三年取得软件著作权10余项，实用新型专利20余项，发明专利1项。作为科研团队带头人主持国家及天津市科委科研项目3项。近三年发表论文3篇，出版教材8本，其中2021年出版中英双语《智能鼠原理与制作》入选“十四五”职业教育国家规划教材。教材输出到“一带一路”鲁班工坊为培养当地的智能化技术人才做出努力和贡献。2016年至今，积极致力于国际人文交流“鲁班工坊”项目建设服务工作，把中国教仪设备“推出去”与世界共享，先后为泰国、印度、印度尼西亚、巴基斯坦、柬埔寨、尼日利亚、科特迪瓦、埃及等12所海外鲁班工坊提供技术支持，服务“一带一路”建设。

党的二十大报告提出“推进职普融通、产教融合、科教融汇，优化职业教育类型定位”，为现代职业教育体系建设改革提供了根本遵循。职业教育是“学习如何工作的教育”，因此本书将完整展现职业行动的工作原貌作为第一原则，以培养职业院校的学生学技术、长本领，增强创新意识、培养创新思维和精湛技能为宗旨，将工作内容序化为职业活动，构成职业行动体系，并辅以支撑职业行动的职业知识。

本书以天津启诚伟业科技有限公司提供的TQD-AIOT小创客大智慧工程实践创新课程平台为教学实训载体，以项目驱动、任务引领，循序渐进地学习AIOT智能控制技术。其中，基础知识篇从硬件平台到软件开发环境，系统讲解了入门基础知识，为下一步的学习打下坚实的基础。项目实战篇通过四个项目进行学习，其中每个任务突出一个知识点的学习与实践，加强学生的动手实践能力，培养学生的创新思维与创新意识。竞赛挑战篇以迷宫机器人为载体，对基础知识篇、项目实战篇所学的知识和技术，进行成果总结和能力提升。项目拓展篇以虚实结合的迷宫机器人为载体，对迷宫机器人的传感器、电机参数调节进行巩固学习，最终完成迷宫机器人竞赛。

通过对本书系统的学习和实践，可使学生对新一代信息技术、通信技术、软件技术、嵌入式技术、机电一体化技术、虚拟仿真、机器人等专业领域中的关键技术，由简入繁展开，再由繁到简去总结提升。

本书在编写过程中力求突出以下特色：

1. 校企共同开发实现教材内容创新

教材根据产业升级的人才需求，对接相应企业岗位，校企双元共同开发，融入国际IEEE电脑鼠走迷宫竞赛规则，注重“教与做”的密切结合，创新设计课程框架，创新制定教学目标，创新编写任务内容。

2. 采用新型活页形式实现形式创新

教材采用活页式装订，可拆解，可组合，便于因材施教。教材引入新技术、新工艺和新规范，制作最新技术的知识点，动态更新数字化教学资源，便于教师灵活组织教学。

3. 采用EPIP理念实现教材功能创新

教材采用EPIP工程实践创新项目理念，以TQD-AIOT小创客大智慧工程实践创新套件为载体，以任务驱动为原则，按实际工程的实施步骤，使教学与生产相结合，实现学习过程“工程化”，既可以满足职业院校教学，也可服务于职普融通等活动。

4. 载体虚实结合实现教学模式创新

任务实施载体分别采用工程实践创新套件和虚拟仿真平台，拓展了教学内容的广度与深度，提升了课程的挑战性和创新性，创新实现虚实融合的教学模式。

本书针对重要的知识点、技能点和素养点，提供了丰富的学习资源，包括视频、图片、文本等。学习者可以通过扫描书中的二维码获取相关信息。

本书由天津市第一轻工业学校高级讲师冯强、高级讲师杨柳，天津启诚伟业科技有限公司总经理、高级工程师宋立红任主编；天津机电职业技术学院副教授贺东梅，天津市第一轻工业学校助理讲师董志杰、杨静，天津启诚伟业科技有限公司职业教育部经理宋姗任副主编；天津启诚伟业科技有限公司工程师邱建国、夏金伶，天津市第一轻工业学校老师孟祥荔参与本书部分编写工作。

本书在编写过程中得到天津市第一轻工业学校、天津机电职业技术学院等相关院校教授专家的大力支持，天津启诚伟业科技有限公司提供了企业实际工程案例、思维导图、二维码视频及动画PPT课程资源，在此表示衷心感谢。同时，本书也是天津市“十四五”规划课题“基于‘1+X’证书制度导向下高职院校物联网专业人才培养模式的研究与实践”（课题批准号CJE210237）的研究成果。

尽管我们在探索普职融通、职业教育教材特色的建设方面有了一定的突破，但限于水平，书中仍难免存在疏漏与不妥之处，恳请各相关教学单位和读者在使用本书时给予关注，并将意见及时反馈给我们，以便修订时改进。

编　者

2024年1月

配套资源索引

序号	名称	二维码	页数
1	智能光控灯		26
2	智能调光灯		32
3	电子防护栏		40
4	室内安防系统		46
5	车辆防盗报警		54
6	简易风扇		62
7	电子温度计		66
8	智能风扇（上）		68
9	智能风扇（下）		69

续表

序　号	名　称	二维码	页　数
10	流水灯控制		75
11	矩阵灯控制（上）		80
12	矩阵灯控制（下）		80

目录

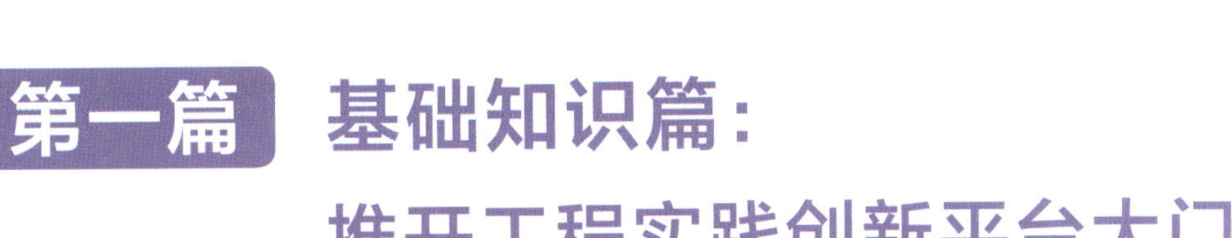

第一篇 基础知识篇：推开工程实践创新平台大门

教学导航

教学目标	知识目标	① 能够说明工程实践创新平台的硬件组成； ② 能够说明工程实际创新平台软件开发环境的使用功能
	能力目标	① 能够熟练安装工程实践创新平台驱动程序； ② 能够熟练操作工程实践创新平台的软件开发环境； ③ 能够熟练使用小创客大智慧App
	素质目标	① 培养学生信息安全意识； ② 培养学生严谨的求知态度
重　　点		① 工程实践创新平台的硬件组成； ② 工程实践创新平台的软件开发环境的操作； ③ 小创客大智慧App的操作
难　　点		① 工程实践创新平台驱动程序的下载和安装； ② 工程实践创新平台软件开发环境的下载和安装
教学方法		① 线上+线下相结合的混合式教学方法； ② 理实一体化教学方法
建议学时		4学时
项　　目		项目一　走进工程实践创新课程平台

项目一 走进工程实践创新课程平台

项目引入

TQD-AIOT 小创客大智慧工程实践创新课程平台的核心部分是 Arduino 控制模块。Arduino 是一个国际开源的软硬件平台，硬件部分是用来做电路连接的 Arduino 电路板，软件部分是计算机中的程序开发环境——Arduino IDE。Arduino IDE 具有跨平台特点，可以在 Windows、Macintosh OS X、Linux 三大主流操作系统上运行。

知识图谱

围绕说明 Arduino 电路板组成和程序开发环境 Arduino IDE 操作的工作任务，知识图谱如下：

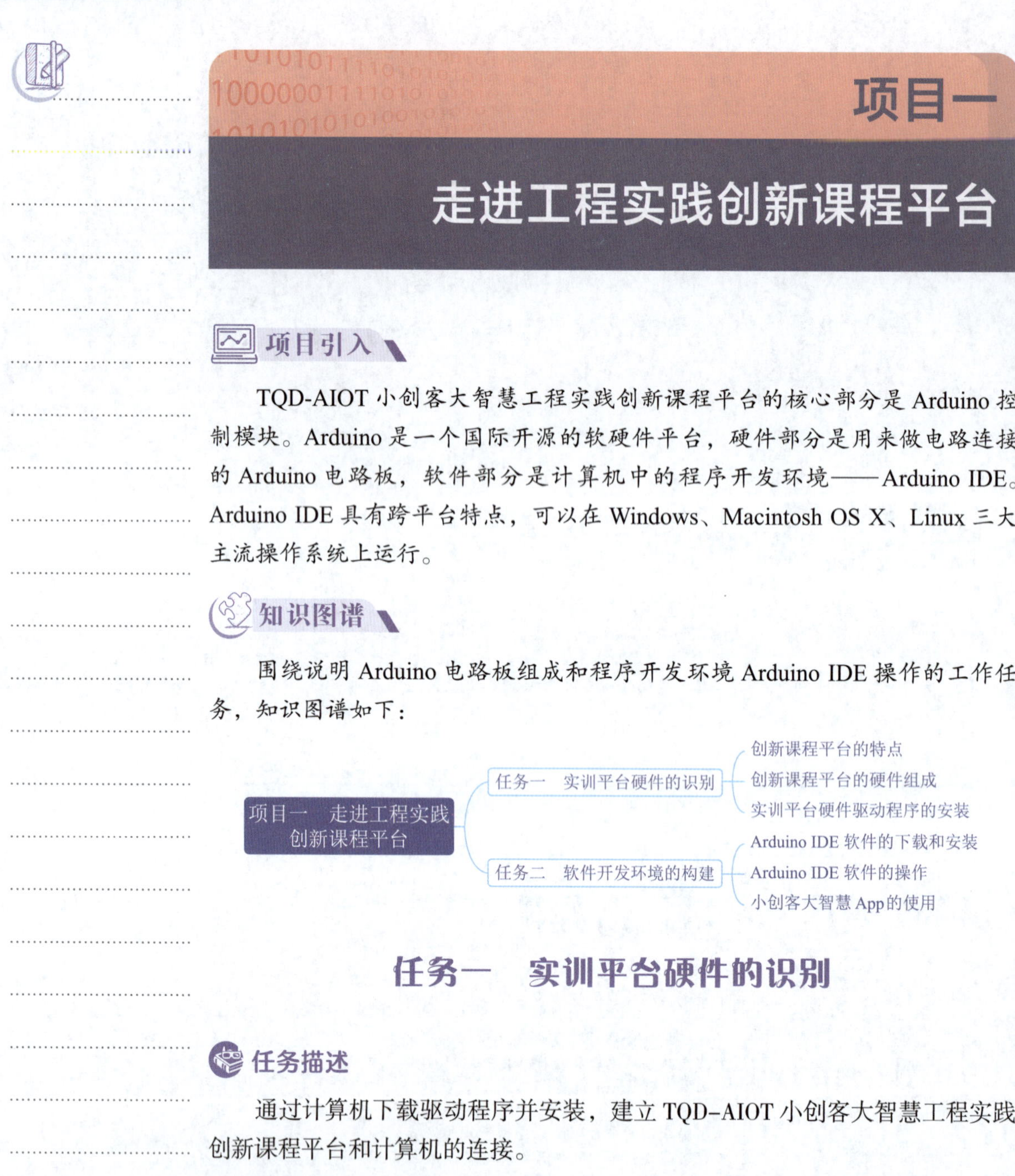

任务一 实训平台硬件的识别

任务描述

通过计算机下载驱动程序并安装，建立 TQD-AIOT 小创客大智慧工程实践创新课程平台和计算机的连接。

学习目标

① 能够熟练查阅实训平台的资料说明书。

② 能够熟练使用计算机下载驱动程序。

③ 能够说明实训平台硬件组成。

④ 能够熟练安装实训平台硬件驱动程序。

⑤ 培养学生信息安全意识。

相关知识

一、创新课程平台的特点

本书采用 TQD-AIOT 小创客大智慧工程实践创新课程平台（以下简称创新课程平台），如图 1-1 所示。

1. 系统采用国际开源 Arduino 软硬件平台

CPU 采用高性能低功耗的 AVR ATmega 328P 微控制器，内置蓝牙模块，最大支持 6 路模拟信号输出和 14 路数字信号输出［兼容 PWM（脉冲宽度调制）输出］。

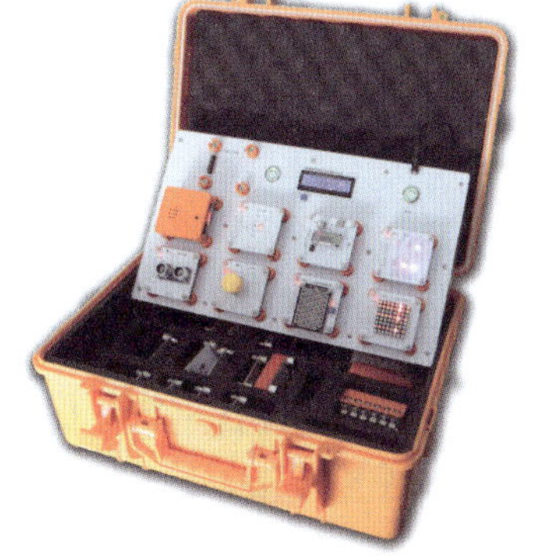

图1-1　创新课程平台

2. 国际通用趣味图形化编程方式易懂易学

创新课程平台软件支持代码和图形化两种编程方式，其中图形化编程可以实时转换为代码。图形化编程模块种类多样，色彩艳丽。

3. 学习资源丰富形式多样

创新课程平台配套的实验软件针对每个工作任务设定为实验目的、软件仿真、实验器材、硬件连接、任务编程、效果演示、课后思考。

4. AIOT 模块化设计灵活搭配、组合扩展功能强大

创新课程平台采用模块化设计灵活搭配、组合扩展功能强大，分为控制、显示、操作三大区域。可选 AIOT 模块包含：AVR 控制模块、蓝牙通信模块、单色及三色 LED 模块、按键模块、点阵模块、超声波传感器模块、有源及无源蜂鸣器模块、温度传感器模块、光敏传感器模块、风扇电动机模块、红外对射传感器模块等，涵盖典型物联网核心传感器和执行器应用，轻松实现各种智能家居的模拟智能控制。

5. 模块化磁吸附结构设计安全可靠方便

创新课程平台各模块采用磁吸附式结构设计，高磁性小磁铁弹簧针多、触点紧密接触，无须连接导线，吸附力强、接触牢固安全便捷。电连接采用 20 条弹簧针和凹槽碰触设计，无须导线连接，安全稳定可靠。模块和创新课程平台的连接图如图 1-2 所示。

平台 2×4 操作区同时支持 8 个 IOT 通用模块联动实验，该结构方便插拔，提高了连接的可靠性，延长了产品使用寿命。

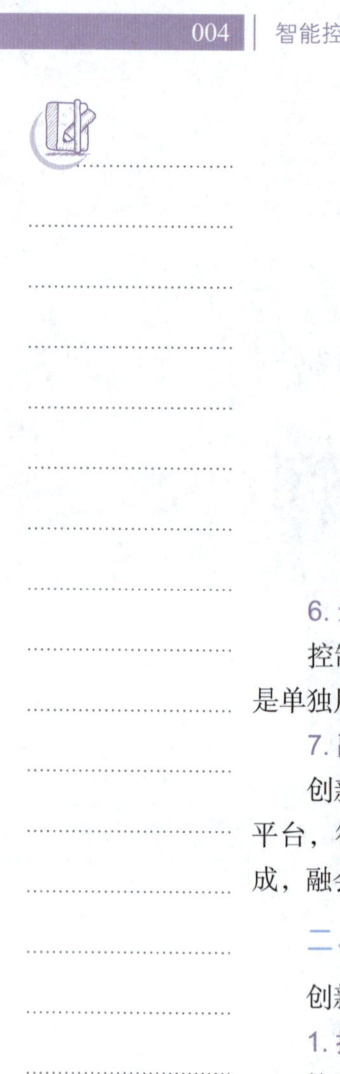

图1-2　模块与平台连接图

1—磁铁；2—固定槽；3—弹簧针

6. 无线蓝牙通信在线实时调试方便、快捷精准有效

控制模块集成了高品质无线蓝牙模块，通信距离最远可达 10 m，蓝牙 App 是单独用来和设备进行数据传输的，方便用户与设备之间进行数据传输。

7. 融合国际 Micromouse 竞赛技术集实训教学竞赛于一体

创新课程平台智能扩展应用部分采用 TQD–Micromouse–JQ 迷宫机器人竞赛平台，符合 IEEE 竞赛标准，主控制模块与 AIOT 主控模块完全一致，相辅相成，融会贯通，最大限度延展 Arduino 平台开放应用功能。

二、创新课程平台硬件模块组成

创新课程平台分为三部分：控制区、显示区和执行区。

1. 控制区

控制区用于放置控制器模块。控制器模块采用国际开源的 Arduino 电路板，外形如图 1-3 所示。

（a）正面

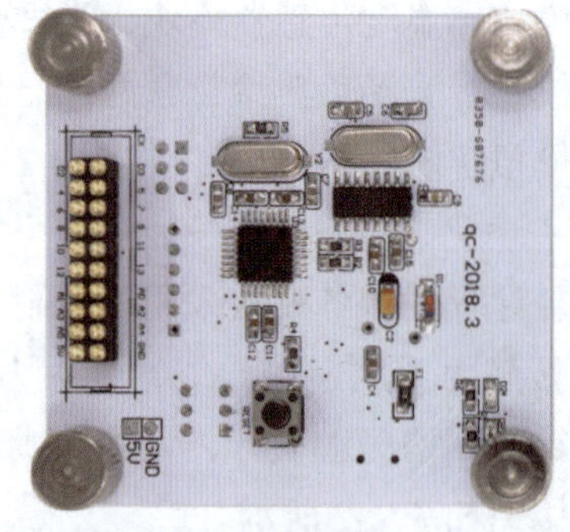

（b）反面

图1-3　控制器模块

（1）控制器模块的主要特点

① 处理器：AVR ATmega 328P。

② Digital I/O（数字输入 / 输出端口）：D0 ~ D13。

③ Analog I/O（模拟输入 / 输出端口）：A0 ~ A5。

④ 下载方式：支持 ICSP 下载，支持 TX/RX。

⑤ 输入电压：USB 接口供电或者 5 ~ 12 V 外部电源供电。

⑥ 输出电压：支持 DC 3.3 V/5 V 输出。

其中，Digital I/O 中的 D3、D5、D6、D9、D10、D11 端口可以兼作 PWM 输出接口。图 1-4 所示为数字与模拟接口的位置。

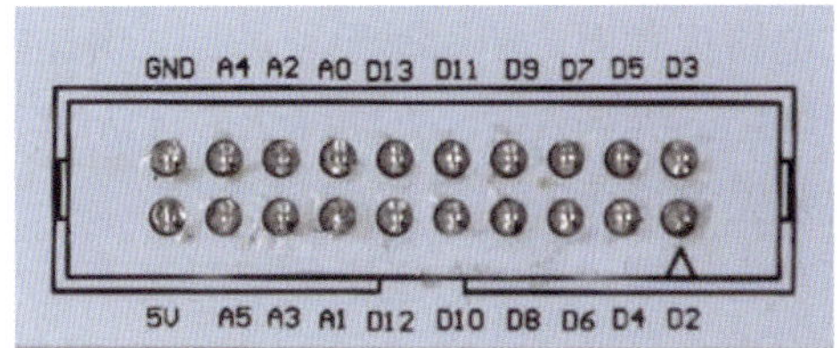

图1-4　数字与模拟接口

（2）控制器模块控制方式

各元器件集成在控制器模块上，并集成有蓝牙模块，利用手机通过蓝牙通信方式实现对创新课程平台的控制。

（3）手机调试工具

将蓝牙 App 安装在手机上，可以对实验步骤进行指令操作，也可使用手机接收控制器模块反馈的状态信息。蓝牙模块通信距离最远可达 10 m，蓝牙模块如图 1-5 所示。

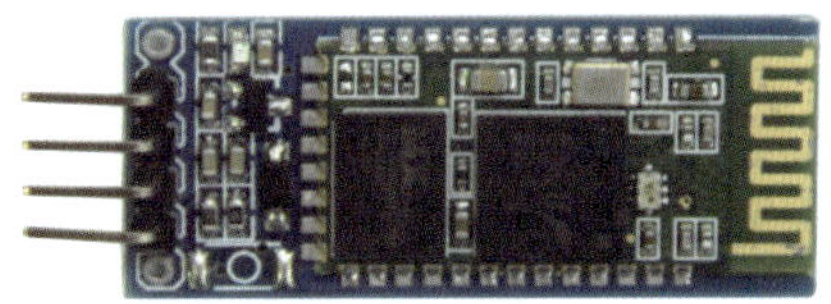

（a）正面

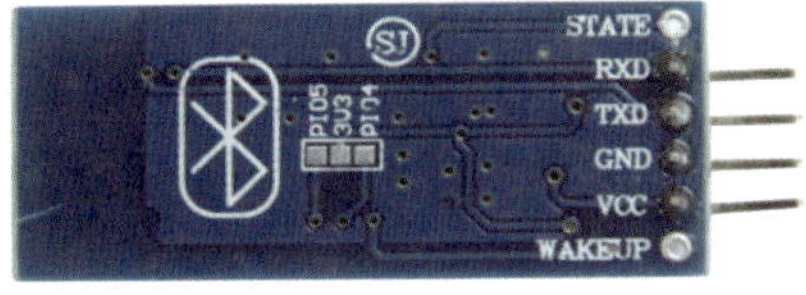

（b）反面

图1-5　HC-06蓝牙模块

蓝牙模块常用引脚有 4 个，按照引脚标示分别为：VCC（供电）、GND（接地）、TXD（发送数据）、RXD（接收数据）。蓝牙模块的引脚和控制器模块引脚已经连接，表 1-1 中列出了双方引脚功能和连接方式。从表中可以看出，蓝牙模块引脚和控制器引脚的发送端和接收端交叉连接。当通电正常时，蓝牙模块红色小灯一直闪烁，表示尚未建立蓝牙无线连接；当红色小灯长亮时，表示已经建立蓝牙无线连接。

表1-1　蓝牙模块和控制模块引脚

蓝牙模块数据通信引脚	控制器模块引脚
VCC（电源）	VCC（电源）
GND（地）	GND（地）
RXD（接收端）	TXD（发送端）
TXD（发送端）	RXD（接收端）

（4）控制器背面元件

控制器背面安装有AVR主控芯片、晶振、多组电容和电阻元件，所需核心元器件全部集成在电路板背面，使用时无须进行二次连接操作。同时安装有复位键，可以将程序复位、清空数据，方便继续进行新的实验。

（5）控制器正面开关

控制器模块正面装有一键式开关，通电使用时无须进行其他操作，一键按下即可控制模块的工作状态。紧挨边缘的USB接口可直接与计算机连接，无须外接其他下载器，计算机将程序直接写入主控芯片。

说明： Arduino硬件平台基于AVR单片机，对AVR库进行了二次编译封装，寄存器、地址指针等均已经设置完毕，使用时不需要进行特别设置。

2. 显示区

创新课程平台采用1602液晶显示模块，最大支持2×16个字符显示，清晰度可调节、延时低、实时性好，可以准确地显示各类数据或信息。液晶显示模块外形如图1-6所示。

图1-6　液晶显示模块外形

液晶显示模块和控制器模块的引脚连接方式见表1-2。

表1-2　液晶显示模块和控制器模块的引脚连接方式

序　号	液晶模块数据通信引脚	引脚功能	连接核心控制器引脚
1	VCC	电源	VCC
2	GND	地	GND
3	RS	命令/数据	D12

续表

序　　号	液晶模块数据通信引脚	引脚功能	连接核心控制器引脚
4	EN	使能	D11
5	IO	数据端口	D5
6	IO	数据端口	D4
7	IO	数据端口	D3
8	IO	数据端口	D2

这些引脚的连接是固定的，依照表 1-2 连接后不可更改；在使用液晶模块时，这些引脚无法再提供给其他设备使用。

3. 执行区

创新课程平台共提供了 3×4 个可操作模块，根据实验需要，可自由增减模块种类或数量。所有模块见表 1-3。

表1-3　可操作模块列表

序　　号	模块名称	实　物　图	序　　号	模块名称	实　物　图
1	单色 LED		4	光敏传感器模块	
2	三色 LED		5	点阵模块	
3	按键模块		6	超声波传感器模块	

续表

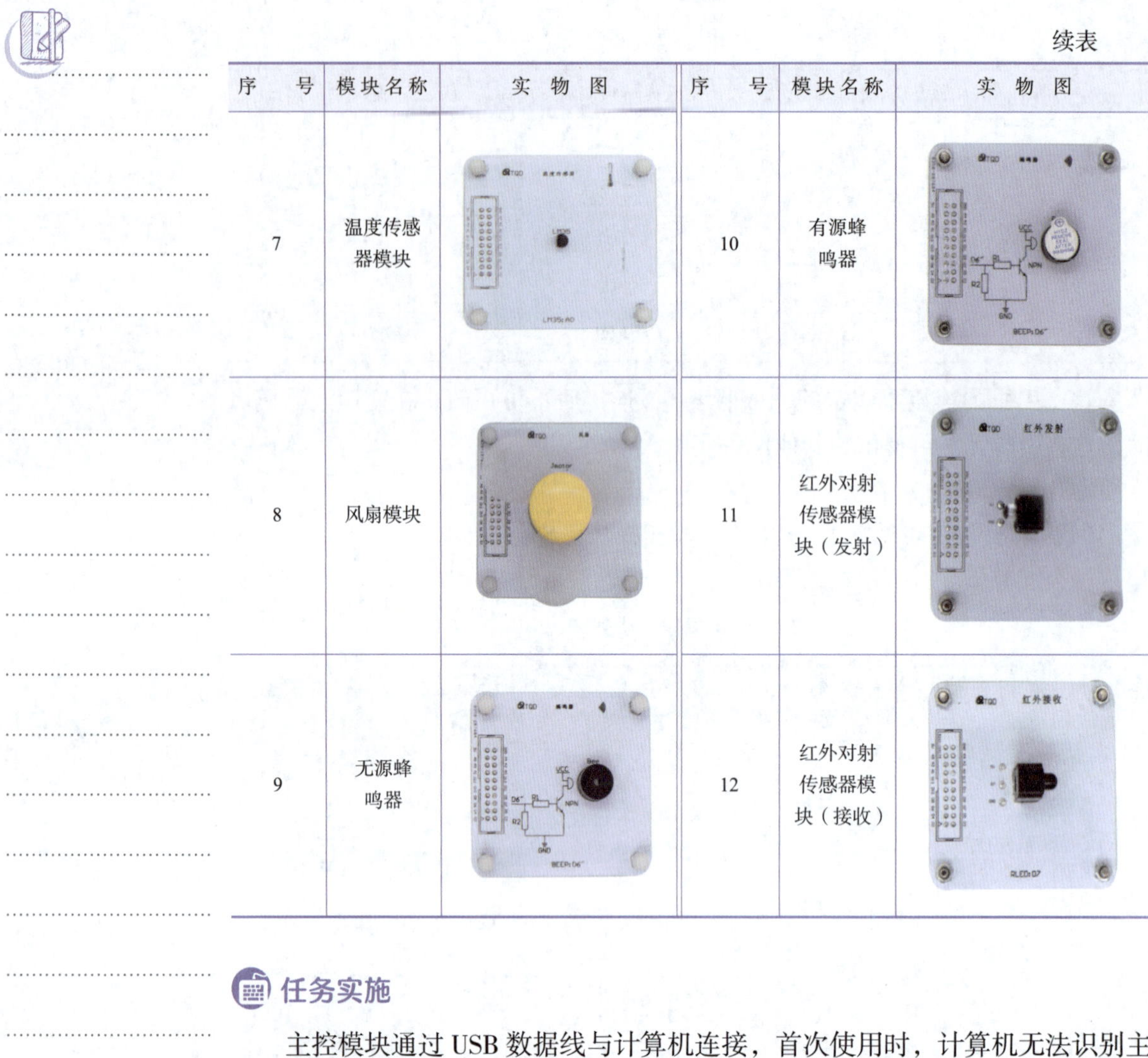

序　号	模块名称	实　物　图	序　号	模块名称	实　物　图
7	温度传感器模块		10	有源蜂鸣器	
8	风扇模块		11	红外对射传感器模块（发射）	
9	无源蜂鸣器		12	红外对射传感器模块（接收）	

任务实施

主控模块通过 USB 数据线与计算机连接，首次使用时，计算机无法识别主控模块，需要安装控制模块的驱动程序。驱动程序的安装方法和计算机安装其他外围设备的驱动程序的方法完全一致。

安装方法：第一种，使用 Arduino IDE 安装目录 Drivers 文件夹中自带的驱动程序；第二种，下载并使用 CH340 驱动软件安装驱动程序。

一、使用Arduino IDE自带的驱动程序

① 打开设备管理器，可以看到如图 1-7 所示的目录。

② 右击 USB2.0-Serial，在弹出的快捷菜单中选择“更新驱动程序软件”命令，出现“硬件更新向导”界面，选择“从列表指定位置安装”选项，单击“下一步”按钮进入下一个界面，如图 1-8 所示。单击“浏览”按钮，在打开的

对话框中选择 Arduino 安装目录下的 drivers 文件夹。

③ 单击“下一步”按钮，计算机将开始安装驱动程序。驱动程序安装完成后，显示安装成功界面。

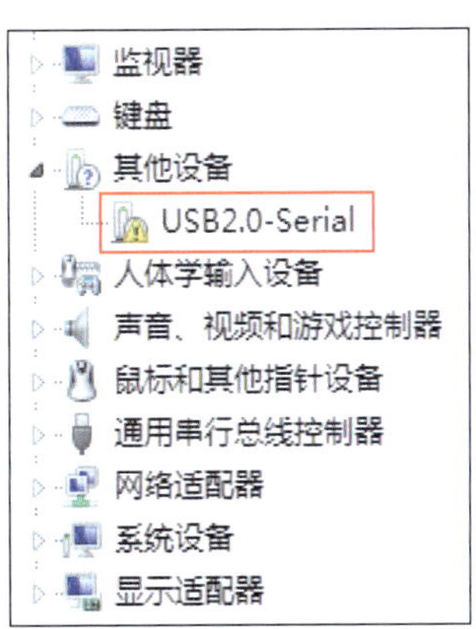

图1-7　设备管理器

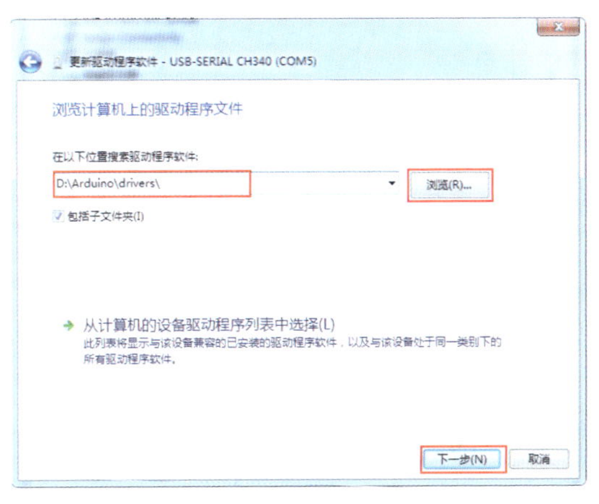

图1-8　更新驱动程序的操作界面

二、利用CH340驱动软件

① 通过在互联网上下载 CH340 驱动软件，按提示进行安装。安装界面如图 1-9 所示。

② 安装后，重新将开发板连接到计算机上，可以看到控制模块已经被识别，如图 1-10 所示。

图1-9　驱动安装界面

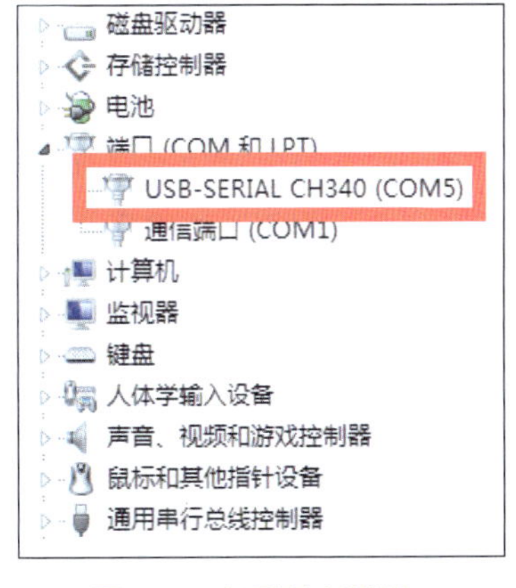

图1-10　识别控制模块

注意：设备后面的 COM 号非常重要，是设备平台和计算机通信所使用的端口号，在下载程序时一定要选择正确，否则将出现程序下载失败的情况。

问题探究

1. 工程实践创新课程平台硬件模块由哪几部分组成？各部分的作用是什么？

2. 安装控制模块的驱动程序有哪两种方法？安装成功后，进行程序下载需要注意什么？

任务二　软件开发环境的构建

任务描述

通过计算机下载 Arduino 图形化交互开发系统软件并安装，同时安装图形化编程插件并添加液晶、语音识别和定时中断支持库，熟悉 Arduino 图形化交互开发系统软件界面和小创客大智慧 App 的使用。

学习目标

① 能够熟练查阅实训平台的资料说明书。

② 能够熟练使用计算机下载 Arduino 图形化交互开发系统软件。

③ 能够熟练使用 Arduino 图形化交互开发系统软件。

④ 能够熟练使用小创客大智慧 App。

⑤ 培养学生严谨的求知态度。

相关知识

一、Arduino图形化交互开发系统简介

Arduino IDE 是创新课程平台的软件开发平台，Arduino IDE 可以非常方便地进行交互式开发。特有的图形化编程插件 Ardublock，类似于搭建积木，每种代码编程语句都有对应的不同颜色、不同形状的图形模块，只有符合编程规则的模块才可以组合到一起。软件同时还支持图形化编程实时转换为代码。

二、Ardublock图形化编程界面简介

打开图形化编程界面，如图 1-11 所示。

①“标签”栏：在图形化编程时用到的各种程序图形都在这一部分。

②“工具”栏：包含常用的“新建”“保存”“另存为”“打开”“上载到 Arduino”“串口监视器”功能。

③ 全局预览窗口：方便快速定位程序位置。

④ 图形化编程区：整个编程操作都在这里完成。

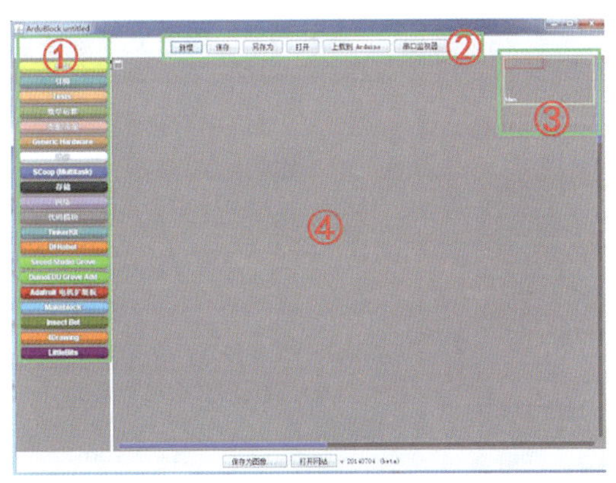

图1-11　图形化编程界面

“标签”栏的前 7 个栏目是后续实验中经常用到的，可以完成大部分图形化编程，单击按钮即可查看栏目中的详细内容。

下面针对这 7 个栏目做一下介绍：

1.“控制”栏

“控制”栏包含主程序、条件判断、循环、延时、子程序等对程序运行起到控制作用的语句。

（1）“主程序”图形

程序的运行首先需要一个主程序，表 1-4 中的两个“主程序”图形在以后编程中会经常用到。

表1-4　“主程序”图形

“主程序”图形	相　同　点	不　同　点
主程序 执行	“主程序”图形自身带有循环功能，会不停歇地运行编写的程序	无“设定”功能
设定 program loop		有“设定”功能

“设定”：设置一些数据的初始状态或初始数值，并且这些设置只运行一次，不会进入循环运行过程。

（2）“条件判断”图形

在编程过程中会经常遇到判断条件的情况，表 1-5 中就是以后会经常用到的两种“条件判断”图形。

表1-5 “条件判断”图形

“条件判断”图形	相 同 点	不 同 点
如果 条件满足 执行	判断某一个条件是否被满足，只有当条件满足时才会执行某一项操作	当条件不满足时无动作
如果/否则 条件满足 执行 否则执行		当条件不满足时，执行“否则执行”位置的程序

例如，以按键开关被按下作为条件，当按下时 LED 发光，当未按下时，前者无法设定 LED 进行什么操作，后者设定 LED 熄灭或者闪烁等。

（3）“循环”图形

“循环”图形主要有以下 3 种，见表 1-6。

表1-6 “循环”图形

“循环”图形	相 同 点	不 同 点
当 test commands	在主程序的一个周期内循环地执行某一部分程序	若 test 条件满足，则执行 commands；直到 test 不满足时才跳出循环
do while commands test		先运行一遍 commands，然后判断 test 条件是否满足，若满足则循环；若不满足则跳出循环
重复 次数 5 commands		不进行条件判断，强制执行 commands 所设定的次数，然后结束循环

3 种“循环”图形各有优缺点，在编程时一定要根据实际情况选择使用。

（4）“延时”图形

“延时”图形在程序中起到控制时间的作用，主要有两种，见表 1-7。

表1-7　“延时”图形

“延时”图形	相　同　点	不　同　点
delay MILLIS 毫秒 1000	在“延时”图形位置暂停一段时间，并保持当前的 I/O 输出；等待时间结束后继续执行后续的程序	1000 毫秒 =1 秒
delay MICROS 微秒 1000		1000 微秒 =0.001 秒

两种“延时”图形的区别在于时间长短的不同。LED 闪烁实验中，为了能够观察到闪烁现象，需要使用前者；而在点阵图形显示实验中为了实现图形或图像的连贯性，需要使用后者。

（5）“子程序”图形

为了方便程序的编写，并提高程序的可读性，Ardublock 图形化编程提供了“子程序”图形，见表 1-8。

表1-8　“子程序”图形

“子程序”图形	使用方法
子程序 commands	图形单独存在，不放入“主程序”中；commands 中放置真正的程序
子程序	放置在“主程序”中，调用 commands 中的程序

“子程序”图形均可自由重命名，当程序运行到后者所在位置时，就可以调用相同名字的前者图形中的 commands 程序。“子程序”图形的使用，可以极大地简化主程序的复杂性。

2. “引脚”栏

“引脚”栏包含传感器和执行器所对应的数字引脚、模拟引脚等。

（1）“数字针脚”图形

“数字针脚”图形共有两种，使用方法见表 1-9。

表1-9 “数字针脚”图形

“数字针脚”图形	使用方法
数字针脚 # 1	读取一个数字针脚的数据（高电平还是低电平）
设定数字针脚值 # 1 HIGH	对一个数字针脚输出数据（高电平或者低电平）

前者用来读取数字传感器的状态，如按键开关、数字型红外等；后者用来设置 LED 是否发光、风扇是否转动等。

（2）“模拟针脚”图形

“模拟针脚”图形共有两种，使用方法见表 1-10。

表1-10 “模拟针脚”图形

“模拟针脚”图形	使用方法
模拟针脚 # 1	读取一个模拟针脚的数值
设定模拟针脚值 # 1 255	对一个模拟针脚输出数值

前者用来读取模拟传感器的状态，如温度传感器、光照传感器等；后者用来设置风扇的转速、LED 灯的亮度等。

（3）“音”图形

“音”图形的使用方法见表 1-11。

表1-11 “音”图形

“音”图形	使用方法
音 针脚# 8 频率 440	对一个针脚输出一定频率的 50% 占空比方波
无音 针脚# 8	停止该针脚的方波输出

前者主要用来驱动无源蜂鸣器发声、发出一定频率的红外线等，后者用来停止这些操作。

3.Tests 栏

Tests 栏包含逻辑判断相关的图形。常用的数据类型有 3 种，分别是“整型”“字符型”“数字型”。

① 整型：0、1、2、3 等整数。

② 字符型：a、b、c 等。

③ 数字型：高电平、低电平。

不同的数据类型需要使用对应的图形，否则容易造成数据类型错误。

（1）“整型”数据逻辑判断图形

使用方法见表 1-12。

表1-12 “整型”数据逻辑判断图形

“整型”逻辑判断图形	使用方法
< 大于 ≤ 大于等于 == ! =	对两个整型数据进行比较（比较两个整数的大小关系）

（2）“数字型”数据逻辑判断图形

使用方法见表 1-13。

表1-13 “数字型”数据逻辑判断图形

“数字型”逻辑判断图形	使用方法
== !=	对两个数字型数据进行比较（比较两者的高低电平是否相同）

（3）“字符型”数据逻辑判断图形

使用方法见表 1-14。

表1-14 “字符型”数据逻辑判断图形

“字符型”逻辑判断图形	使用方法
== !=	对两个字符型数据进行比较（比较字符变量或字符常量是否相同）

（4）“与或非”逻辑判断图形

使用方法见表 1-15。

表1-15 “与或非”逻辑判断图形

“与或非”逻辑判断图形	使用方法
且 ▽ 或者 非	对两个条件或一个条件进行且、或、非操作

4. “数学运算”栏

“数学运算”栏包含加、减、乘、除等数学运算。常用的图形及使用方法见表 1-16。

表1-16 “数学运算”栏

“数学运算”图形	使用方法
+ − × ÷	对两个数据进行加、减、乘、除运算

在使用“数学运算”图形时一定要注意，数据类型必须是整数或整型变量。

5. “变量 / 常量”栏

“变量 / 常量”栏包含整型、字符型、数字型变量的设置，常量的设置等。

（1）“整型”变量及常量

使用方法见表 1-17。

表1-17 “整型”变量及常量

“整型”变量及常量	使用方法
set integer variable 变量 integer variable name 数值 0	设置“整型”变量的名称，并将某一个常量赋值给该变量

超声波的距离、温度的高低等都是整型量。

（2）“数字型”变量及常量

使用方法见表 1-18。

表1-18 “数字型”变量及常量

“数字型”变量及常量	使用方法
设置数字变量 变量 digital variable name 数值 HIGH	设置“数字型”变量的名称，并将某一个数字量赋值给该变量

按键的状态、红外传感器的状态等都是数字型量。

（3）"字符型"变量及常量

使用方法见表 1-19。

表1-19　"字符型"变量及常量

"字符型"变量及常量	使用方法
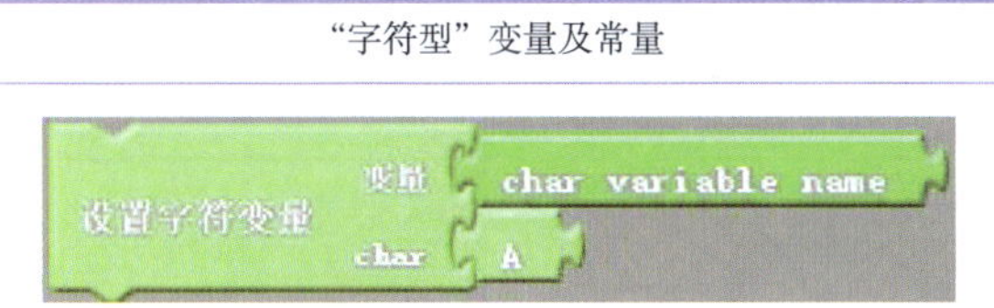	设置"字符型"变量的名称，并将某一个字符量赋值给该变量

手机 App 和实验平台进行的无线通信指令，通常会选择字符型，例如字母 o 表示 open，字母 c 表示 close 等。

6.Generic Hardware 栏

Generic Hardware 栏包含若干个通用硬件，如液晶模块、超声波、舵机等。

（1）"液晶"图形

使用方法见表 1-20。

表1-20　"液晶"图形

"液晶"图形	使用方法
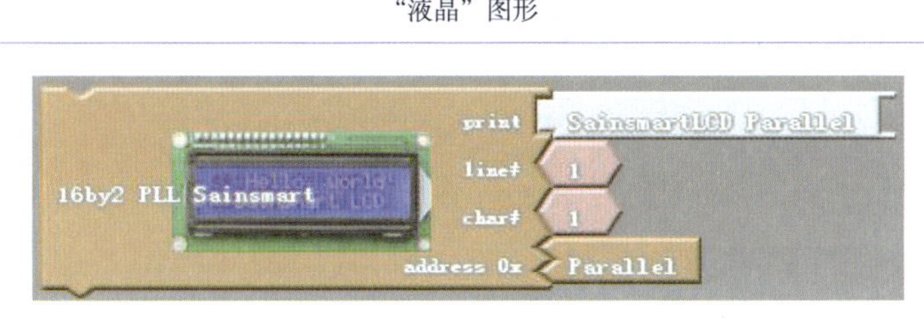	自定义第几行第几个字符开始显示数据

常用于显示超声波检测的距离、报警或安全信息等。

（2）"超声波"图形

使用方法见表 1-21。

表1-21　"超声波"图形

"超声波"图形	使用方法
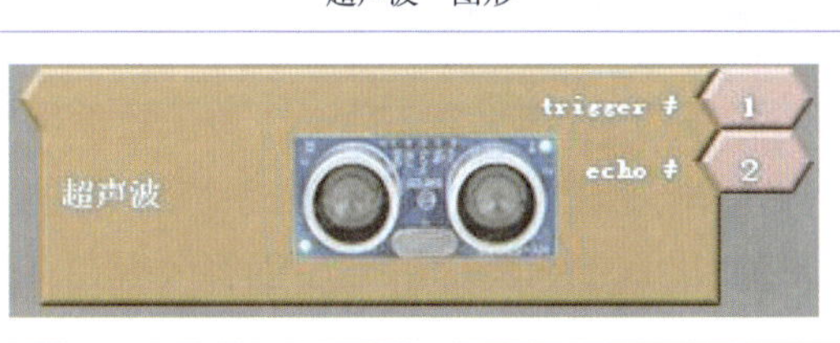	设置对应的超声波触发和接收针脚，检测障碍物距离

超声波传感器的使用，仅涉及信号的触发和接收，对于距离的计算是通

过芯片自动完成的，所以超声波测距是数字型信号，并且在使用时也无须添加“数学运算”图形。

（3）“舵机”图形

使用方法见表 1-22。

表1-22 “舵机”图形

“舵机”图形	使用方法
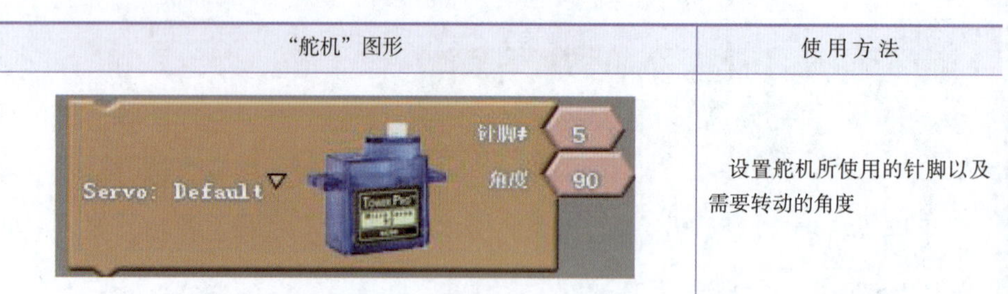	设置舵机所使用的针脚以及需要转动的角度

“舵机”在设置角度后会以较快的速度旋转到该角度，并保持。同时在使用时要注意舵机的旋转角度量程以及转动方向。

7. “通信”栏

“通信”栏包含串口读取、串行打印、数据传输等图形。常用的“通信”图形共有 3 种，使用方法见表 1-23。

表1-23 “通信”栏

“通信”图形	使用方法
读取串口	读取串口的字符型数据，常用来和字符型变量组合使用
串行打印 消息 message 新行 true	通过串口显示自定义信息，并可以设置每次显示信息后是否回车
glue	连接图形，可以将不同的图形连接起来。例如，通过“液晶”显示“超声波”检测的距离，“串行打印”图形显示自定义信息等

了解各个栏目的功能，对以后的实验有很大的帮助。

三、教学辅助工具“小创客大智慧App”

创新课程平台配套多媒体 App——小创客大智慧 App。该款软件结合现实当中 AIOT 智能家居设计项目，循序渐进地学习“智能灯光系统”“智能安防系统”“智能温度系统”“智能扩展应用”的具体结构。“小创客大智慧 App”从“基础知识篇”和“项目实战篇”两个方向出发由浅入深，从身边的基本案例升华到创新课程。图 1-12 所示为基础知识篇的 App 应用界面，图 1-13 所示为项目实战篇的 App 应用界面。学习者可以通过模拟互联实验，利用 App 体验实验的连接方式和效果。利用 App 信息化教学，既可以减少元器件的损耗，又可以避免实验过程中的安全问题。

图1-12　基础知识篇App应用界面　　图1-13　项目实践篇App应用界面

任务实施

一、安装Arduino图形化交互开发系统软件

1. 安装软件

软件可以直接从官网下载，建议安装到 C 盘，安装方式采用默认设置。运行安装程序，进入如图 1-14 所示界面后单击 I Agree 按钮，直至出现如图 1-15 所示界面，单击 Close 按钮，完成安装。

（a）许可协议

图1-14　软件安装过程

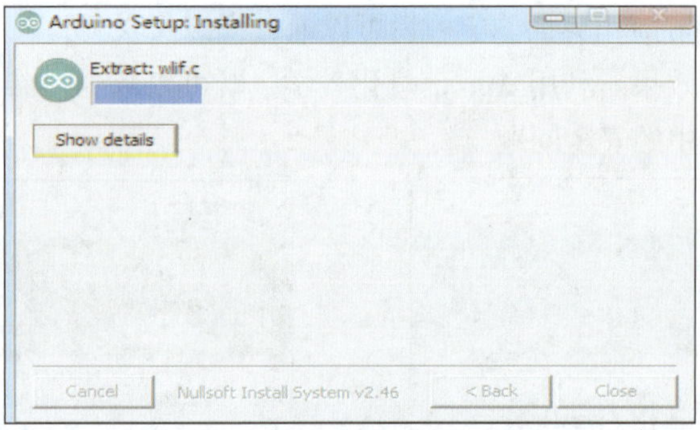

（b）安装过程

图1-14 软件安装过程（续）

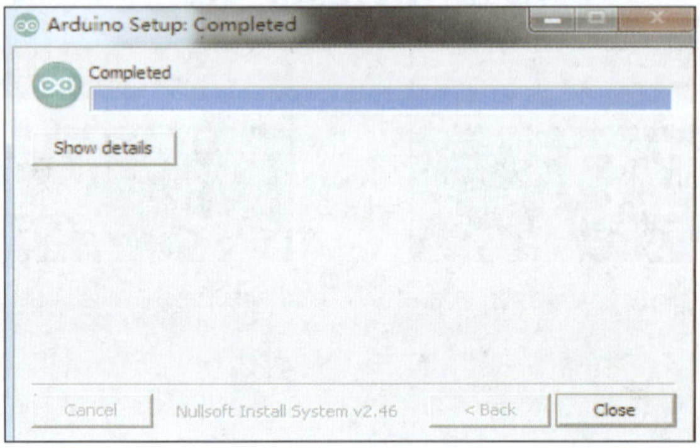

图1-15 安装完成

2. 安装图形化编程插件

Arduino IDE 软件安装结束后，Arduino 软件启动图标即出现在桌面上，双击打开 Arduino 主界面，如图 1-16 所示。

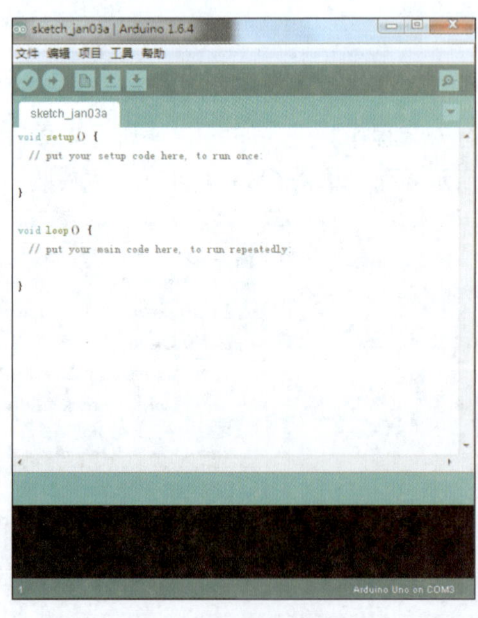

图1-16 Arduino主界面

现在软件只有代码输入界面，可输入代码编写程序。Arduino IDE 软件还提供了另外一种编程方式——图形化编程，类似于搭建积木。下面为 Arduino 软件安装图形化插件。

（1）设置项目文件夹位置

选择“文件”菜单中的“首选项”命令（见图 1-17），打开“首选项”界面，如图 1-18 所示。

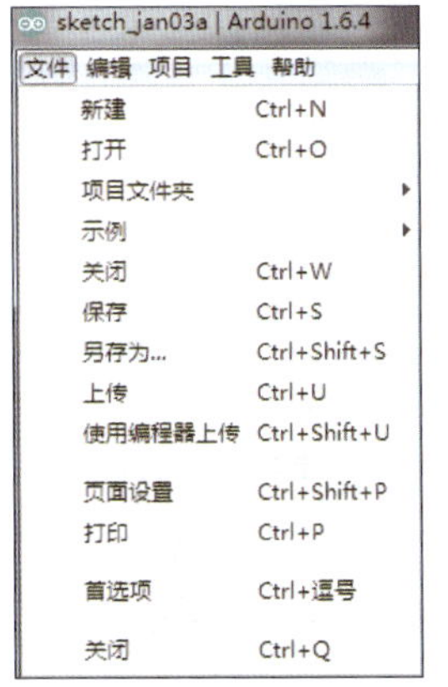

图1-17　“文件”菜单

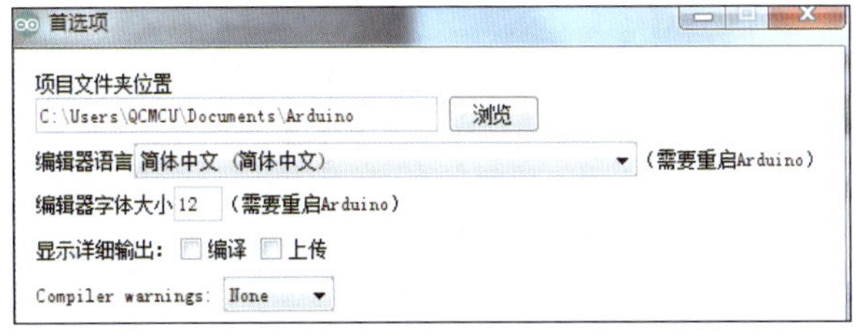

图1-18　“首选项”界面

（2）复制 jar 包

将软件中的 tools 文件夹（在图 1-19 中的“Ardublock Jar 包”文件夹中）复制到如图 1-20 所示的项目文件夹位置。

图1-19　jar包位置

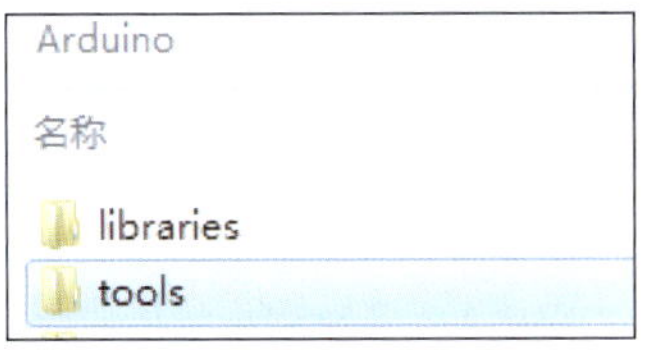

图1-20　项目文件夹位置

至此，图形化编程功能已添加完成。随后重启软件（见图 1-21），就可以在“工具”菜单中看到多了一个 Ardublock 命令，单击即可进入图形化编程主界面，如图 1-22 所示。

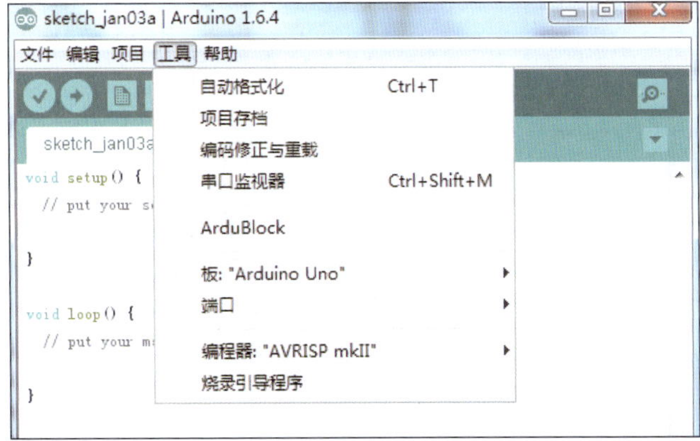

图1-21　添加ArduBlock成功

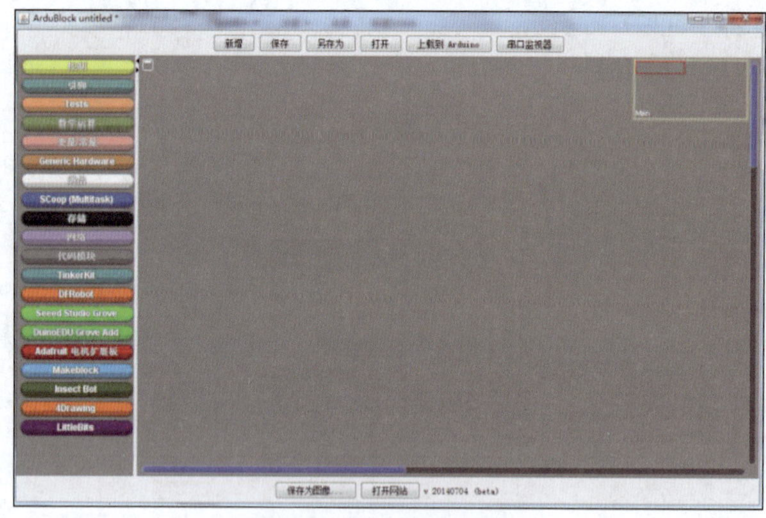

图1-22　图形化编程主界面

3. 添加液晶、语音识别和定时中断支持库

计算机中 Arduino 的安装位置，将 Arduino/libraries 下的 LiquidCrystal 文件夹完全删除。然后将下载的 LiquidCrystal、MsTimer2 和 SCoop 三个文件夹（见图 1-23），复制到原位置（切勿覆盖，否则需要重新安装 Arduino）。

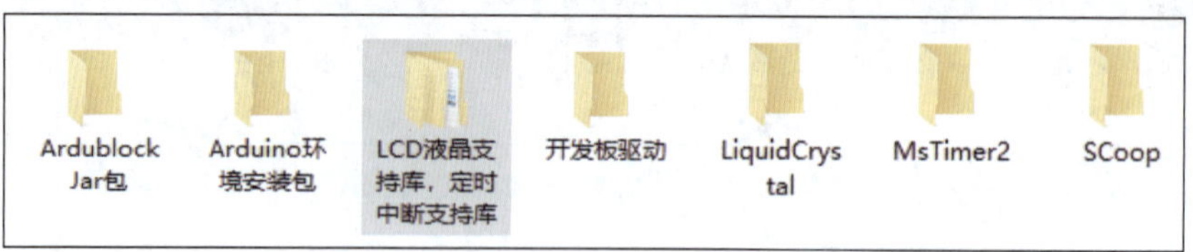

图1-23　LCD、定时器中断支持库

最后形成的支持库目录如图 1-24 所示。完成上述修改后，Arduino 软件就设置完成，可以开始使用。

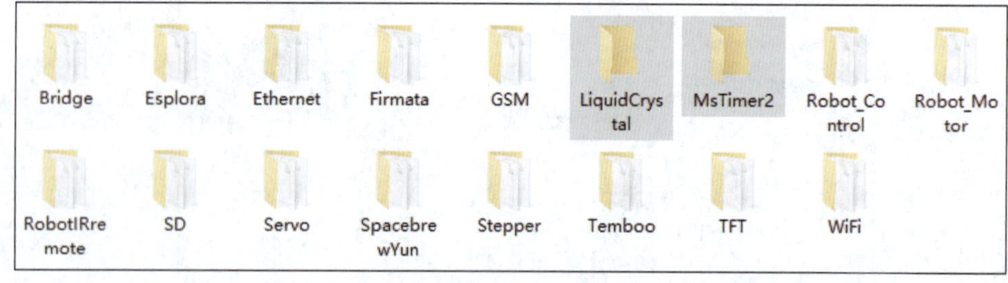

图1-24　支持库目录

二、了解小创客大智慧App的使用方法

开始进行实验之前，可先通过手机“App”软件了解实验的操作流程图，

如图 1-25 所示；还可以了解实验的实际应用场景，如图 1-26 所示；也可以看到整个实验的硬件连接图，如图 1-27 所示。

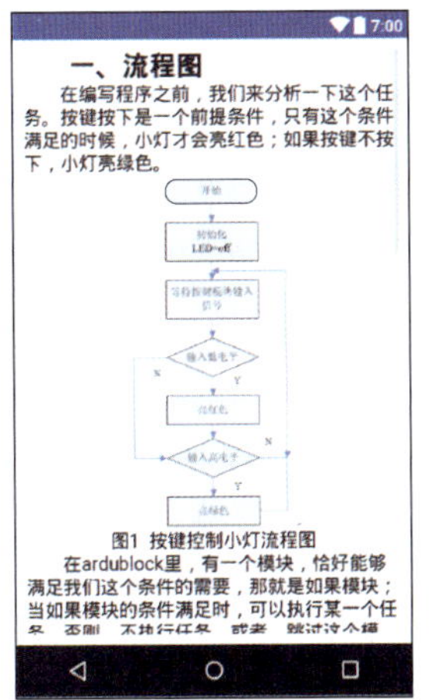

图1-25　操作流程图

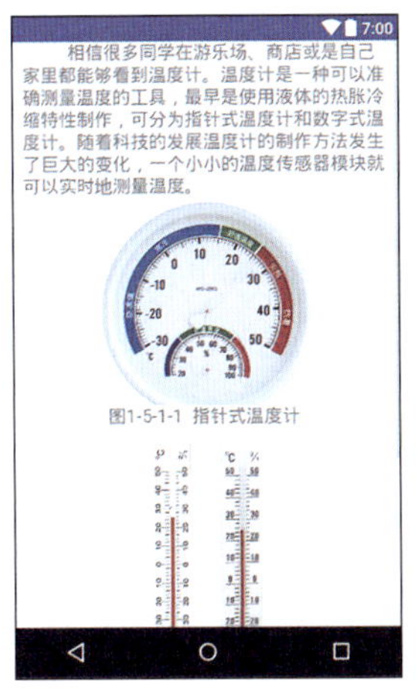

图1-26　实际应用场景

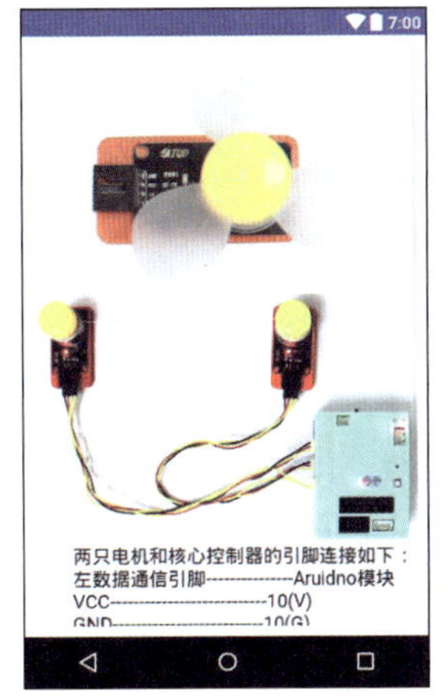

图1-27　硬件连接图

每项实验的实验目的、实验步骤、实验器材等都展示在 App 软件界面中，可以直接使用软件 App 进行任务的预习和复习。

问题探究

1. 工程实践创新课程平台软件平台有哪些功能？
2. 安装工程实践创新课程平台软件的图形化编程插件，应注意哪些事项？

第二篇 项目实战篇：探索工程实践创新平台奥秘

教学导航

教学目标	知识目标	① 能够阐述各种传感器的工作原理； ② 能够识别各个模块，阐述各引脚功能和连接方法
	能力目标	① 能够控制LED的亮度； ② 能够模拟实现电子防护栏； ③ 能够实现室内安防系统； ④ 能够完成车辆防盗报警器的制作； ⑤ 能够完成智能感温风扇的制作； ⑥ 能够完成流水灯的制作； ⑦ 能够实现静态和动态图案的显示
	素质目标	① 培养严谨的工作态度； ② 增强安全防范意识； ③ 培养学生独立思考、分析问题的能力； ④ 培养学生具备发现问题、分析问题、解决问题能力； ⑤ 培养举一反三的思维模式
重　点		① 实验所需模块的各引脚功能特点与使用原理； ② 根据任务要求，连接所需模块，下载控制程序，并进行调试
难　点		① 使用图形化编程软件编写调试程序； ② 建立实现任务要求的方案思维
教学方法		① 线上+线下相结合的混合式教学方法； ② 理实一体化教学方法
建议学时		28学时
项　目		项目二　智能灯光系统的搭建与调试 项目三　智能警报系统的搭建与调试 项目四　智能风扇系统的搭建与调试 项目五　绚丽灯光系统的搭建与调试

项目二 智能灯光系统的搭建与调试

项目引入

在现代城市的发展过程中，越来越多的智能控制系统应用于各种设施中，包括灯光管理系统。智能灯光系统能够对灯光进行智能化控制与管理，相较于传统灯光，它具有更多的功能，如软启动、调光、一键场景、点对点遥控和分区控制等。同时，智能灯光系统可以通过多种方式进行控制，如遥控、定时、集中和远程控制等，从而实现节能、环保、舒适和便利的目的。

知识图谱

围绕智能灯光控制的工作任务包含的内容，知识图谱如下：

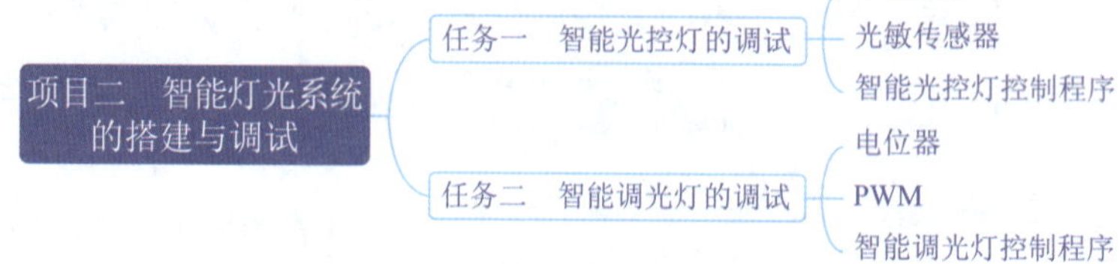

任务一 智能光控灯的调试

任务描述

通过光敏传感器模块和单色LED模块，制作智能光控灯，能够在环境光强时，自动关闭；环境光弱时，自动打开。

视频

智能光控灯

学习目标

① 能够识读常用电路元器件。
② 能够阐述二极管的工作原理。
③ 对编程软件有初步地了解和使用。
④ 能够阐述LED和光敏传感器的工作原理。

⑤ 能够使用单色 LED 模块和光敏传感器模块制作智能光控灯。

⑥ 培养严谨的工作态度。

相关知识

实现灯光智能亮灭，需要有一个元器件检测外界光照强度，智能地控制 LED 何时亮、何时灭。

一、LED

LED（发光二极管）是一种能将电能转化为可见光的固态半导体器件。与普通二极管一样，LED 内部由一个 PN 结构成，具有单向导电性，即外加合适的正向电压，可以发光。根据制作材料或填充气体的不同，可以发出红、绿、蓝、黄等不同颜色。不同颜色的 LED 相互组合又可以形成其他的颜色，如双色灯、三色灯，甚至是全彩灯。

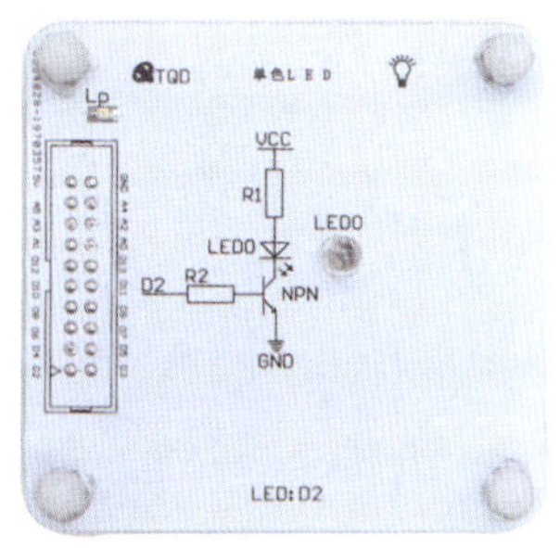

图2-1　单色LED模块

在实验中用到的单色 LED 模块如图 2-1 所示，其引脚与控制器模块引脚连接方式见表 2-1。

表2-1　单色LED模块引脚与控制器模块引脚的连接方式

序　号	单色 LED 模块数据通信引脚及功能	控制器模块引脚及功能
1	VCC（电源）	VCC（电源）
2	GND（地）	GND（地）
3	OUT（输出）	D2（数字接口）

二、光敏传感器

光敏传感器是利用光敏元件将光信号转换为电信号的传感器，能够检测光照的强弱。最简单的光敏传感器是光敏电阻。

光敏电阻的结构、图形符号和外形如图 2-2 所示，由光敏层、玻璃基片（或树脂防潮膜）和电极等组成，制成薄片结构，以便吸收更多的光能。当它受到光照射时，半导体片（光敏层）内就激发出电子 - 空穴对，参与导电，使电路中电流增强。为了获得高的灵敏度，光敏电阻的电极常采用梳状图案。

光敏电阻在电路中用字母 R 或 RL RG 表示，它是基于半导体光电效应工作的，根据光照的强弱改变自身的阻值。在无光照时，呈高阻状态，暗电阻一般可达 1.5 MΩ。随着光照强度的升高，电阻值迅速降低，电阻值可小至 1 kΩ 以下。

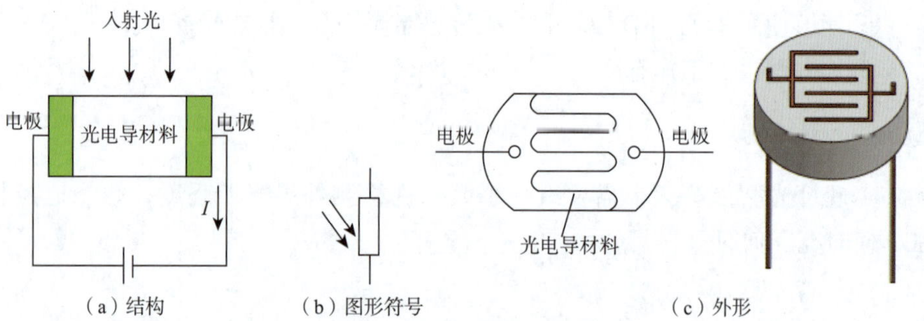

（a）结构　（b）图形符号　（c）外形

图2-2　光敏电阻结构、图形符号和外形

图2-3　光敏传感器

在实验中用到的光敏传感器模块如图 2-3 所示，其引脚与控制器模块引脚连接方式见表 2-2。

表2-2　光敏传感器模块引脚与控制器模块引脚的连接方式

序　　号	光敏传感器模块数据通信引脚及功能	控制器模块引脚及功能
1	VCC（电源）	VCC（电源）
2	GND（地）	GND（地）
3	OUT（输出）	A1（模拟接口）

注意：光照强度的变化是连续的，光敏传感器的输出值同样也是连续值，所以需要使用模拟信号。

任务实施

一、编写智能光控灯控制程序

通过光敏传感器采集环境光强度并转换为电信号，控制器对电信号进行一定的条件判断，进而控制 LED 的亮灭。

1. 流程图

智能光控灯控制流程如图 2-4 所示。

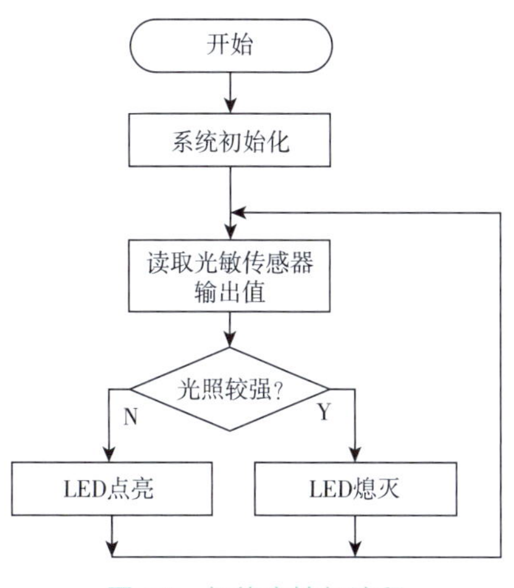

图2-4　智能光控灯流程

2. 图形化编程

（1）实验 1：读取光敏传感器输出值

从智能光控灯流程可以得出结论：需要为控制器设置一个条件，作为判断光照是较强还是较弱的标准。下面通过一个小实验读取光敏传感器的输出值。

实验步骤：

① 光敏传感器输出值是连续的，使用“引脚”栏中的模拟引脚图形，如图 2-5 所示。

图2-5　模拟引脚

光敏传感器使用引脚号码是 A1，不需要修改。

② 查看传感器输出值的方法有很多种，最常用是通过串口来查看，即选择“通信”栏中的串行打印图形，如图 2-6 所示。

为了更直观，将“消息”改为 Light，表示光照，如图 2-7 所示。

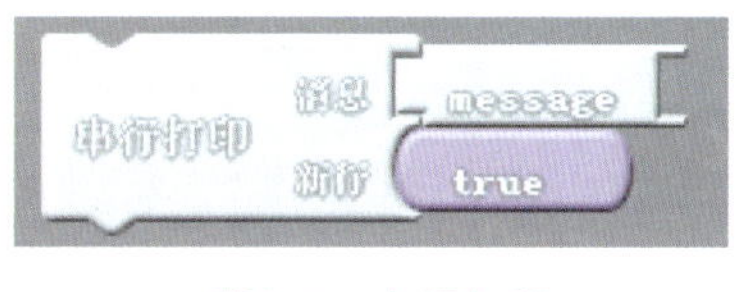

图2-6　串行打印

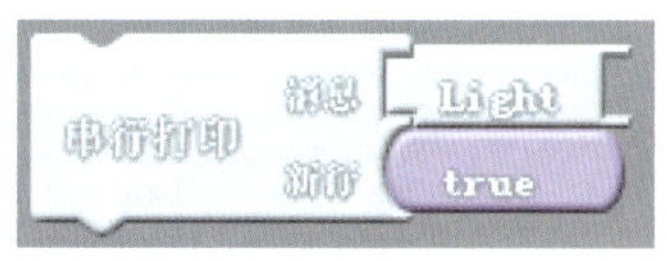

图2-7　Light串行打印

③ 将光敏传感器的输出值串行打印出来，即将模拟引脚图形和串行打印图形连接起来，如图 2-8 所示。

图2-8　串行打印和模拟引脚

在这步操作后，可以看到 Light 后面的图形缺口和模拟引脚的形状是不匹配的，也就是说它们无法连接到一起。所以，需要使用“通信”栏中的glue（胶水）图形来把它们粘起来，如图2-9所示。

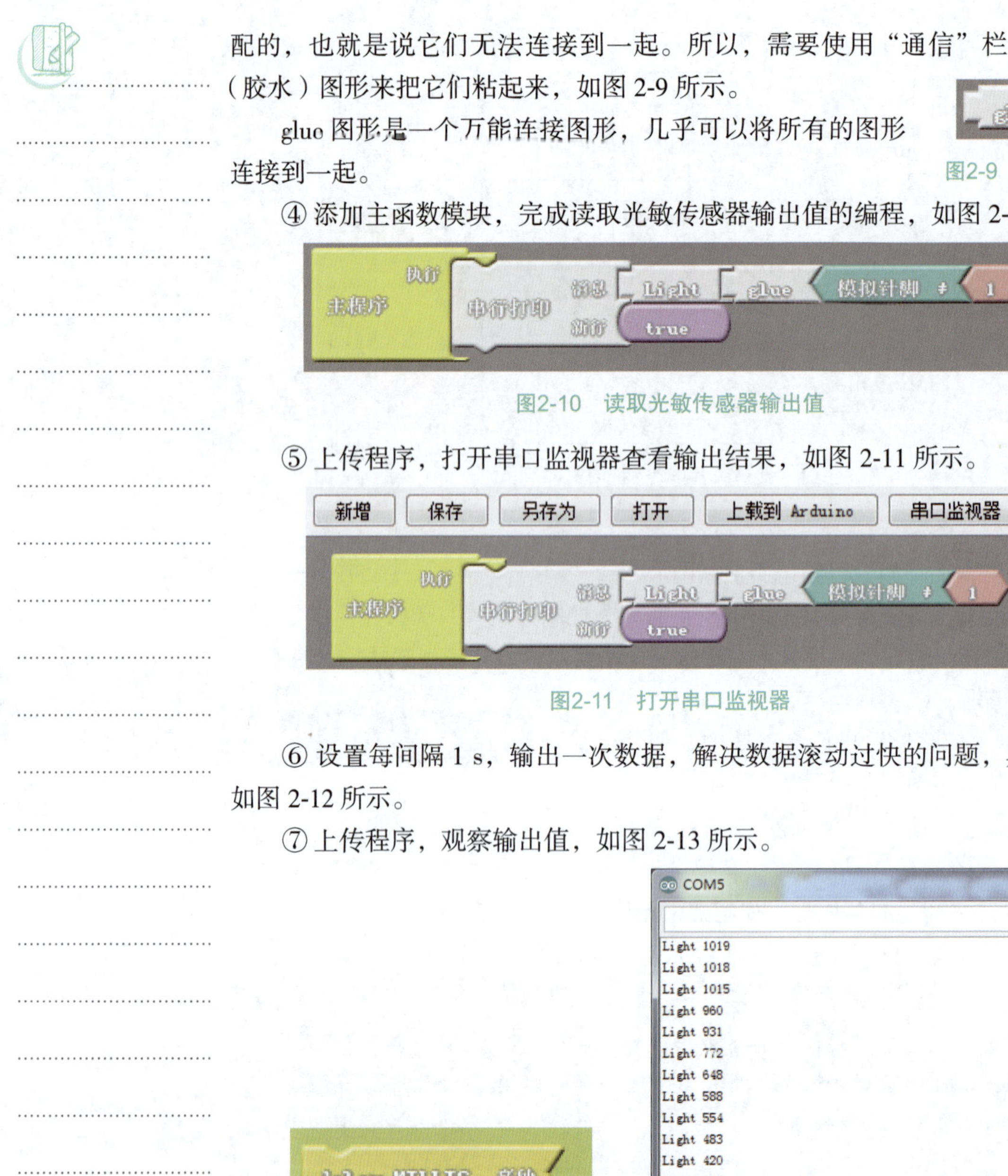

图2-9　glue模块

glue图形是一个万能连接图形，几乎可以将所有的图形连接到一起。

④添加主函数模块，完成读取光敏传感器输出值的编程，如图2-10所示。

图2-10　读取光敏传感器输出值

⑤上传程序，打开串口监视器查看输出结果，如图2-11所示。

图2-11　打开串口监视器

⑥设置每间隔1 s，输出一次数据，解决数据滚动过快的问题，具体操作如图2-12所示。

⑦上传程序，观察输出值，如图2-13所示。

图2-12　delay图形

图2-13　观察输出值

通过本实验得出结论：不遮挡时，光照强度较大，传感器返回值较小，通常小于500 lx；遮挡时，光照强度较小，传感器返回值较大，通常大于900 lx。

根据这样的结论，可以选择 700 lx 作为判断条件，当光敏输出值小于 700 lx 时，说明光照较强，LED 熄灭；当光敏输出值大于或等于 700 lx 时，说明光照较弱，LED 点亮。

（2）实验 2：光控灯智能化

① 依据实验 1 的结论，针对光敏输出值进行条件判断，如图 2-14 所示。

图2-14 条件判断操作

② 添加“控制”栏中的“如果 / 否则图形”，单色 LED 模块使用的是 D2 引脚，将 LED 的亮灭图形编程也加入进去，如图 2-15 所示。

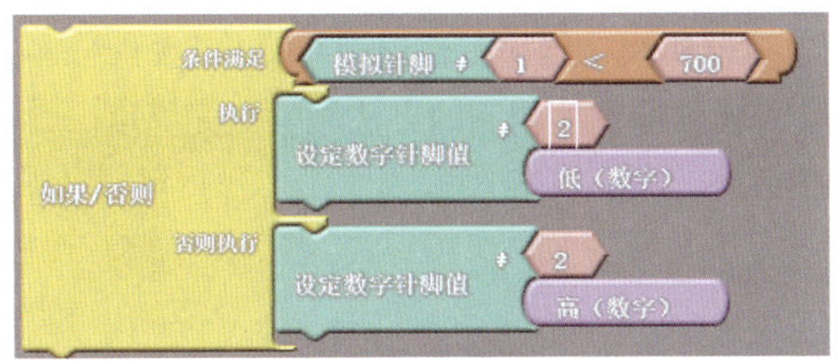

图2-15 控制LED

③ 添加主程序模块，如图 2-16 所示。

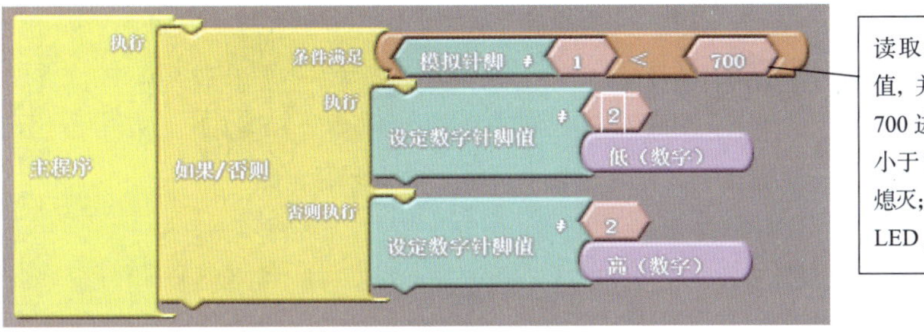

图2-16 主程序模块

④ 上传程序，观察 LED 亮灭情况。

问题探究

在实际生活中，当外界环境光亮度发生变化时，智能灯光不会立刻做出改变，而是延时一段时间再改变状态，延时在程序中如何实现？

提示：使用“delay 延时”图形。

任务二　智能调光灯的调试

视频

智能调光灯

任务描述

在实际生活中，为了满足感官的不同需求，需要对灯光亮度进行调整。本任务通过电位器模块和单色 LED 模块实现灯光的亮暗调节。

学习目标

① 能够阐述电阻的作用和使用方法。
② 能够熟练对单色 LED 进行调试。
③ 能够熟练使用测量仪表。
④ 能够识别电位器模块，阐述工作原理。
⑤ 能够使用 PWM 脉冲宽度调制的方法调整灯光亮度。
⑥ 培养严谨的工作态度。

相关知识

在灯光的调整过程中，电位器是常用的控制元件，可以起到分压、限流的作用。它具有三个引出端，阻值可按某种变化规律进行调节。实际使用的滑动变阻器和电位器的外形如图 2-17、图 2-18 所示。

图2-17　滑动变阻器

图2-18　电位器

一、电位器

1. 电位器原理

电位器通常由电阻体和可移动的电刷组成。当电刷沿电阻体移动时，在输出端即获得与位移量成一定关系的电阻值或电压。

电位器既可作三端元件使用，也可作二端元件使用。后者可视作可变电阻器，由于它在电路中的作用是获得与输入电压（外加电压）成一定关系的输出电压，因此称为电位器。

电位器由一个电阻体和一个转动或滑动系统组成。当电阻体的两个固定触点之间外加一个电压时，通过转动或滑动系统改变触点在电阻体上的位置，在动触点与固定触点之间便可得到一个与动触点位置成一定关系的电压。输入电压和输出电压的对应关系如图 2-19 所示。这时的电位器用作分压器，是一个四端元件，经常用于音箱音量和激光头功率调节。

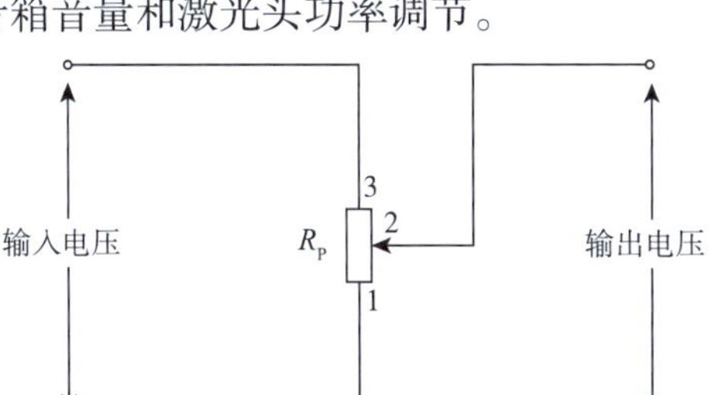

图2-19　电位器电压的对应关系

2. 电位器的种类

按照结构特点电位器可分为单联电位器、双联电位器、单圈电位器、多圈电位器、锁紧电位器、非锁紧电位器、带开关电位器等。按照操作调节方式，可分为直滑式电位器、旋转式电位器。按照阻值变化规律，可分为直线式电位器、指数式电位器、对数式电位器。

随着科技的不断发展，近几年又推出了电子电位器、光敏电位器、磁敏电位器等非接触式电位器。

在实验中用到的电位器模块如图 2-20 所示，模块上面有一个大的旋钮，引脚分别对应 VCC、OUT 和 GND。

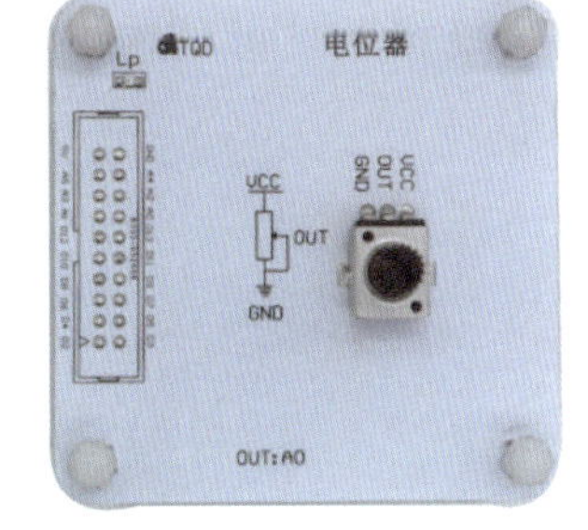

图2-20　电位器模块

不同于按键模块和单色 LED 模块，旋动电位器后输出的是一个连续的量，类似光敏传感器，所以应该连接到模拟接口上。表 2-3 列出电位器模块与控制器模块引脚的连接方式。

表2-3　电位器模块引脚与控制器模块引脚的连接方式

序　　号	电位器模块数据通信引脚及功能	控制器模块引脚及功能
1	VCC（电源）	VCC（电源）
2	GND（地）	GND（地）
3	OUT（输出）	A0（模拟接口）

注意：电位器模块是单圈设计的，切勿使用大力扭动。

二、灯光亮度调节原理

LED 两端加正向电压点亮，加反向电压熄灭。LED 的发光亮度，除了 LED

自身材质外，还与 LED 两端施加电压有关。不超过 LED 最大耐受电压的情况下，电压越高，LED 越亮。

调节 LED 亮度的方法有以下两种：

① 设置多个不同材质的 LED 灯，根据需要点亮不同亮度的 LED 灯。

② 改变施加在 LED 灯两端的电压，实现不同亮度的调节。

第一种需要准备多个 LED 灯，控制难度较高，不利于维护，也造成资源的浪费。

第二种需要根据要求调节电压的高低，也是一个不小的难题。

如何简单又方便地实现灯光亮度的调节？这就要用到 PWM 技术。

三、PWM调节原理

PWM（pulse width modulation）即脉冲宽度调制，在电压不变的情况下，通过调整高电平、低电平的持续时长，完成电压变化过程。常应用于 LED 的亮暗调节、电机转速调节等。

PWM 的原理是调节占空比，也就是调节一个周期内高电平持续时长的百分比。输出的电压值是通过高电平和低电平的时长进行计算的[注：输出电压 =（接通时间 / 脉冲时间）× 最大电压值]。PWM 脉冲宽度调制原理如图 2-21 所示。

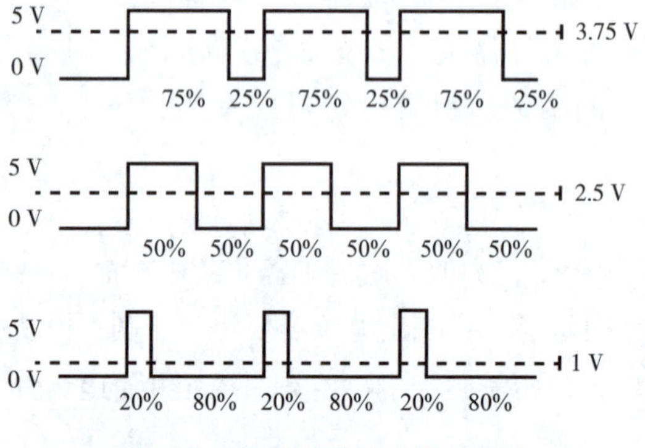

图2-21　PWM脉冲宽度调制原理

PWM 的一些基本参数描述如图 2-22 所示。

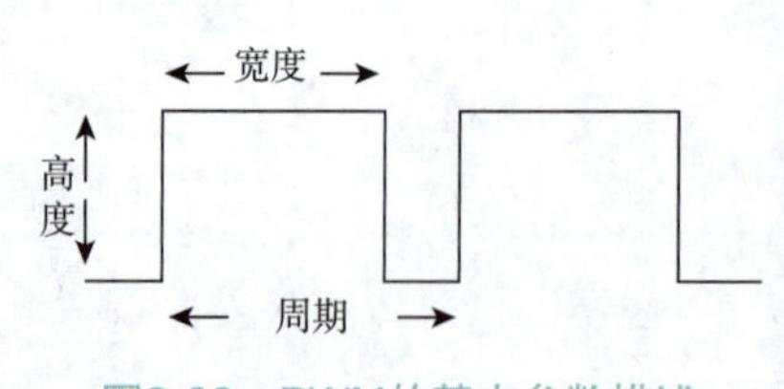

图2-22　PWM的基本参数描述

① 脉冲宽度变化幅度。

② 脉冲周期（1 s 内脉冲频率个数的倒数）。

③ 电压高度（例如高、低电平 0 ~ 5 V）。

通过 PWM 技术调节占空比，可以用数字端口模拟出 0 ~ 5 V 之间的任何一个电压，可以用数字端口代替模拟端口，实现灯光亮度的持续变化。

由于本实验需要调节灯光亮度，所以使用兼容 PWM 的单色 LED 模块，如图 2-23 所示。

表 2-4 列出兼容 PWM 的单色 LED 模块引脚与控制器模块引脚的连接方式。

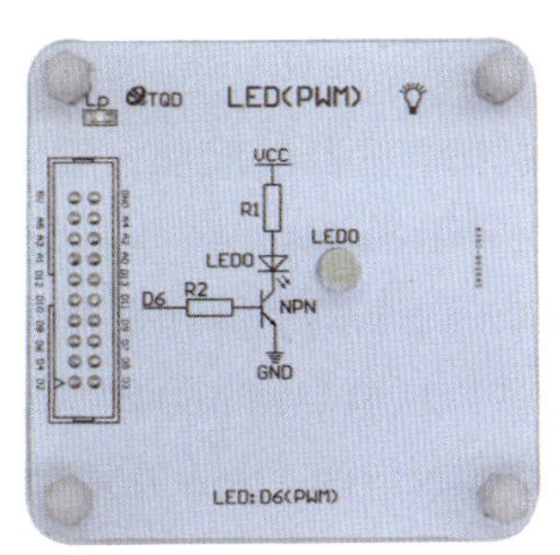

图2-23　单色LED（PWM）

表2-4　单色LED（PWM）模块引脚与控制器模块引脚的连接方式

序　号	单色 LED（PWM）模块引脚数据通信引脚及功能	控制器模块引脚及功能
1	VCC（电源）	VCC（电源）
2	GND（地）	GND（地）
3	IN（输入）	D6（数字接口）

D6 引脚可以实现 PWM 的输出，所以可以通过改变占空比的方式调节 LED 的亮度。

任务实施

一、编写智能调光灯控制程序

1. 流程图

首先需要读取电位器的输出值，再对这些输出值进行一定的换算，变为连续变化的电压信号，最后输送给 LED 模块，从而实现灯光的亮暗调节。

智能调光灯流程图如图 2-24 所示。

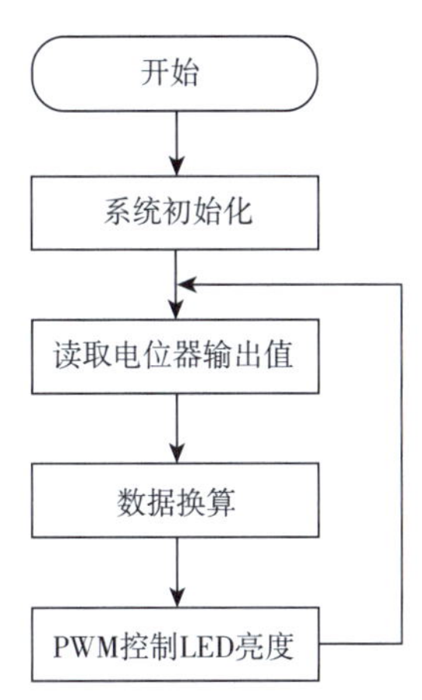

图2-24　智能调光灯流程图

2. 图形化编程

（1）读取电位器模块输出值实验

类似读取光敏传感器输出值实验，将引脚号修改为电位器模块使用的 A3。同时注意 glue、延时图形的应用，如图 2-25 所示。

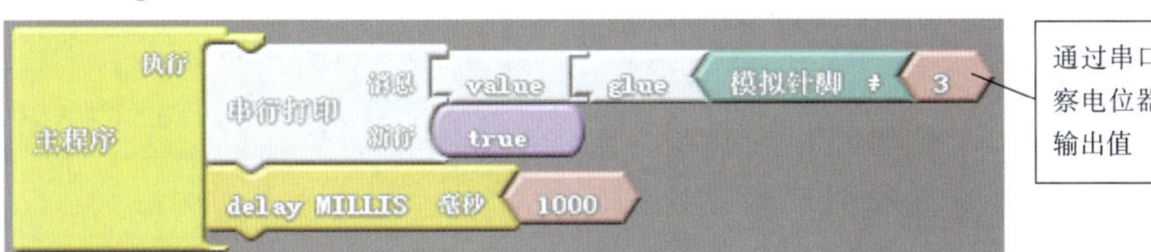

图2-25　读取电位器模块输出值设置方法

上传程序，查看输出结果，如图 2-26 所示。随着电位器的旋动，输出值从最大 1 023 变化到最小 0。

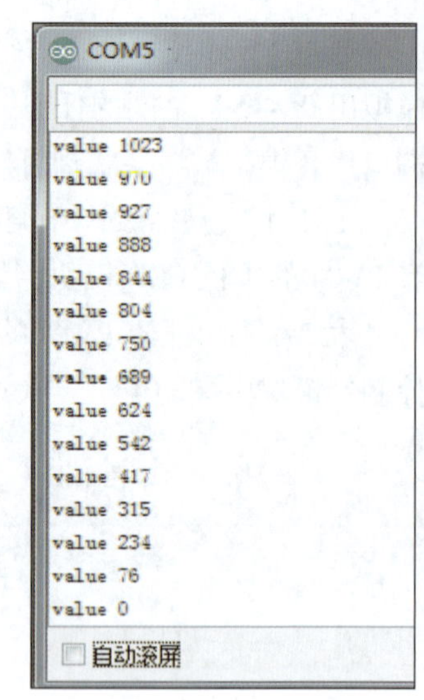

图2-26　电位器值

（2）调节灯光亮度

① 在 Arduino 硬件介绍部分，了解到数字接口的 D3、D5、D6、D9、D10、D11 可以兼作 PWM 输出接口，代替模拟接口使用。所以在这个实验中，需要选用使用 D6 引脚的单色 LED 模块。数字引脚和 PWM 技术引脚设置方式如图 2-27 所示。

- 当模拟量为 0 时，占空比为 0，等价于低电平。
- 当模拟量为 255 时，占空比为 100%，等价于高电平。
- 当模拟量为 0 ~ 255 之间的数值时，对应的占空比决定了实际加在 LED 两端的平均电压大小（0 ~ 5 V 之间的数值）。

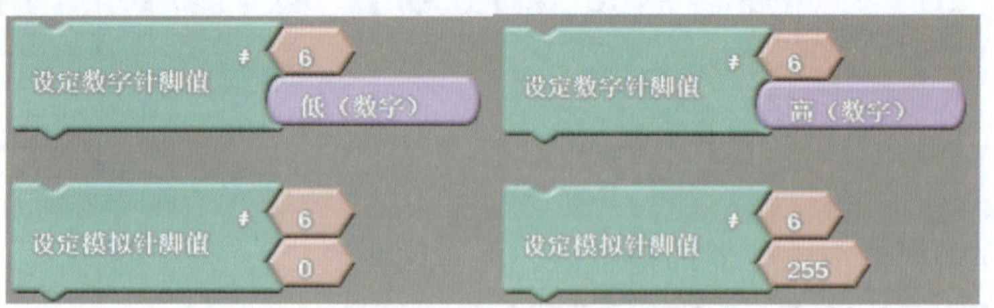

图2-27　数字引脚和PWM技术引脚设置

② 通过上面的实验，可以得出电位器输出值范围是 0 ~ 1 023，而模拟引脚的取值范围是 0 ~ 255，为了使 0 ~ 1 023 和 0 ~ 255 匹配，需要用到“数学运算”栏中的映射图形，如图 2-28 所示。

图2-28　映射图形

映射就是将两个对象 [（0 ~ 255）和（0 ~ 1 023）] 相互“对应起来”。图 2-29 所示为验证映射后的实际数据。

图2-29　验证映射后的实际数据

当旋动电位器时，经过映射，最后结果为 0 ~ 255。

③ 将 PWM 图形和映射图形连接起来，如图 2-30 所示。

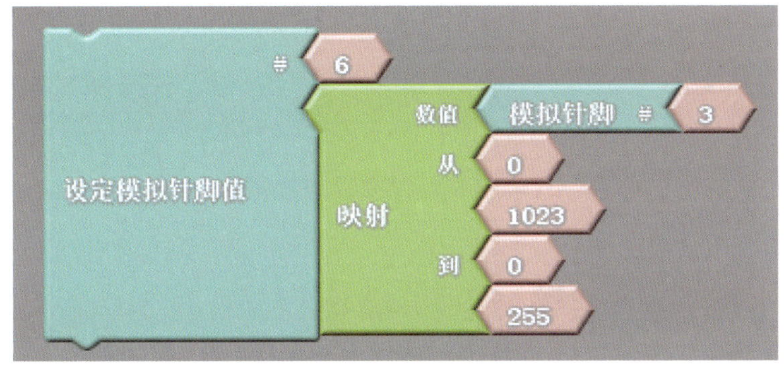

图2-30　映射程序

当电位器输出值是 0 时，映射后也是 0，就可以等价于 6 号引脚输出低电平。

当电位器输出值是 1 023 时，映射后为 255，就可以等价于 6 号引脚输出高电平。

最后将主程序模块添加进去，就完成了智能调光灯的实验，如图 2-31 所示。

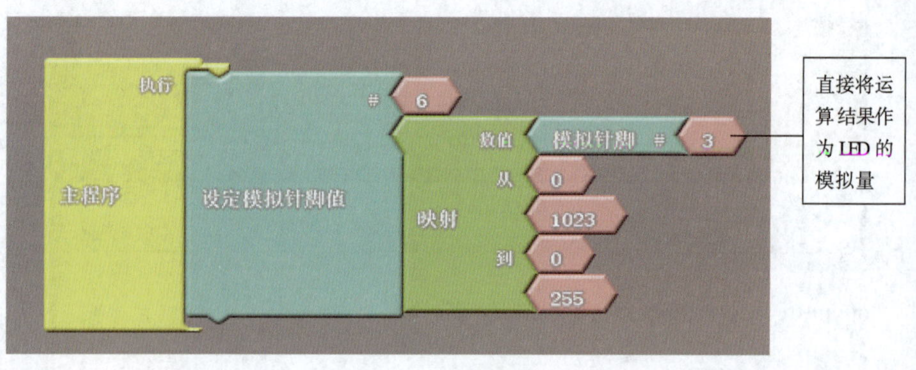

图2-31　添加主程序

问题探究

除了使用电位器完成调节灯光亮度的实验，还有什么方式可以实现灯光亮度调节？亮度调节可否用在三色LED模块上？

提示：采用不同的指令设置不同的PWM占空比。

项目三　智能警报系统的搭建与调试

项目引入

随着光电信息技术、微电子技术、微计算机技术和视频图像处理技术的发展，传统的警报系统正由数字化、网络化，而逐步走向智能化。智能警报系统能够自动检测和识别监控画面中的异常情况，及时预警，无须人工干预。智能警报系统在防盗、安防等领域得到广泛应用。

知识图谱

围绕智能警报系统的搭建与调试工作任务包含的内容，知识图谱如下：

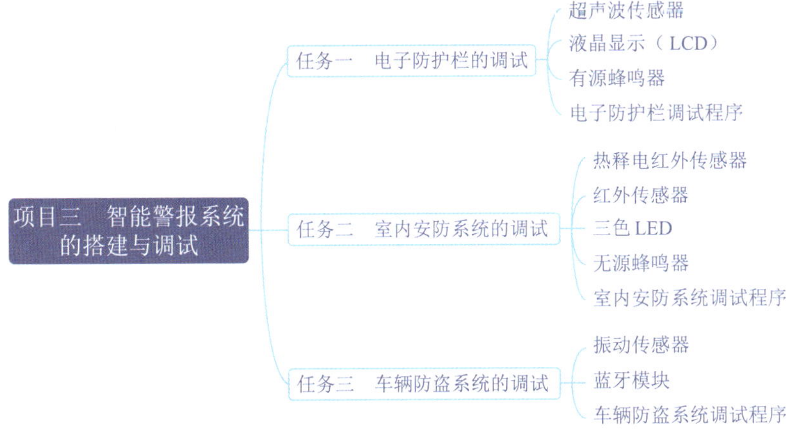

任务一　电子防护栏的调试

任务描述

本任务利用超声波传感器模块作为检测装置，检测入侵者距离，实现电子防护。当检测数值大于设置安全距离时，不报警；反之通过蜂鸣器鸣叫进行报警。检测数据可以实时发送到液晶显示屏上，以保证管理人员能及时了解情况，快速地做出处理。

学习目标

① 能够熟练查阅资料说明书。

② 能够快速找出所需模块。

③ 能够熟练使用测量仪表。

④ 能够分析超声波应用原理。

⑤ 能够对超声波传感器模块、液晶显示模块及蜂鸣器模块进行识别与使用。

⑥ 能够熟练使用超声波传感器模块、蜂鸣器模块和液晶显示模块模拟实现电子防护栏。

⑦ 培养严谨认真的工作态度，增强安全意识。

相关知识

在现实生活中，很多情况都会用超声波作为判断条件，判断是否有物体靠近，如图 3-1 所示。

图3-1 超声波检测

视 频

电子防护栏

智能警报——电子防护栏，主要由 Arduino 控制模块、超声波传感器模块、液晶模块、蜂鸣器模块等组成。

一、超声波传感器模块

HC-SR04 超声波传感器是发射接收一体模块，模块外形如图 3-2 所示。

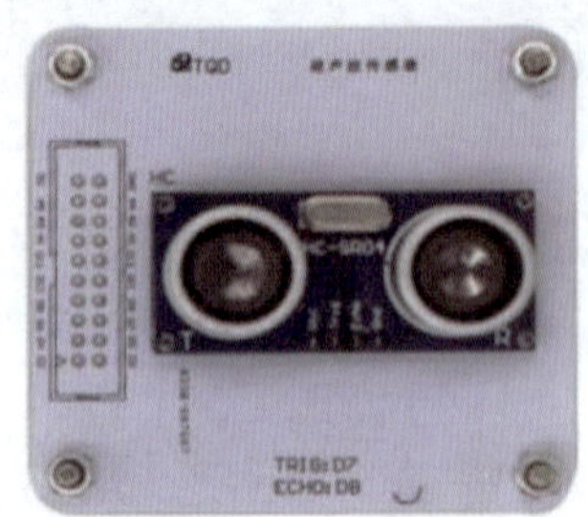

图3-2 超声波传感器模块

超声波传感器模块数据通信引脚、控制器模块引脚及功能见表 3-1。

表3-1 超声波传感器模块与控制器模块引脚的连接方式

序 号	超声波传感器模块数据通信引脚及功能	控制器模块引脚及功能
1	VCC（电源）	VCC（电源）
2	GND（地）	GND（地）
3	Trig（触发信号输入）	D7（数字信号输入）
4	Echo（回声输出）	D8（数字信号输出）

① Trig：触发信号输入引脚（发射端）有信号输入时，超声波发射。

② Echo：回声信号输出引脚（接收端）传感器接收到回声时，输出信号。超声波传感器输出的数值以厘米为单位。

超声波测得的距离是在不断变化的，只是记录是否发出超声波，以及是否接收到超声波，再根据公式（时间差乘以声波速度）来计算距离。超声波传感器使用的是数字引脚。

二、液晶模块

液晶模块也称 LCD（liquid crystal display，液晶显示）模块。像计算器、电子表、万用表等很多电子产品上，使用的都是液晶显示模块。实验使用的 1602 液晶显示模块比较简单，最大支持 2 × 16 个字符显示，清晰度可调节、延时低、实时性好，可以准确地显示各类数据或信息。图 3-3 所示为普通 LCD 模块和封装后的 LCD 模块。

（a）普通 LCD 模块

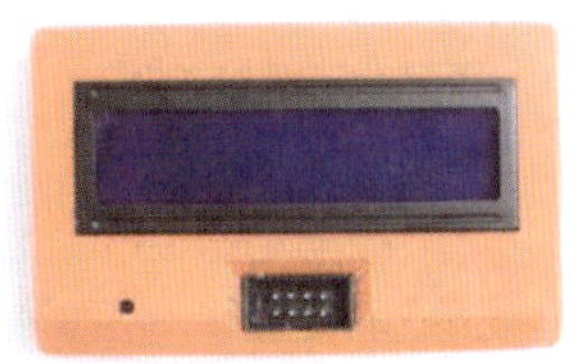

（b）封装后的 LCD 模块

图3-3　LCD 模块

液晶显示模块和控制器模块的引脚连接方式见表 3-2。

表3-2　液晶模块与控制器模块引脚的连接方式

序　号	液晶模块数据通信引脚及功能	控制模块引脚及功能
1	VCC（电源）	VCC（电源）
2	GND（地）	GND（地）
3	RS（命令 / 数据）	D12（命令 / 数据）
4	EN（使能）	D11（使能）
5	IO（数据端口）	D5（数据端口）
6	IO（数据端口）	D4（数据端口）
7	IO（数据端口）	D3（数据端口）
8	IO（数据端口）	D2（数据端口）

这些引脚的连接是固定的，依照图 3-2 连接后不可更改；在使用液晶模块时，这些引脚就无法再提供给其他设备使用。例如，由于液晶模块已经占用 2、3、4、5、11、12 号引脚，所以将超声波模块连接到 7、8 号引脚。因为液晶模块耗电较多，如果引脚相邻，容易造成液晶显示不完全。

三、蜂鸣器模块

蜂鸣器是一种一体化结构的电子讯响器，采用直流电压供电，广泛应用于计算机、打印机、复印机、报警器、电子玩具、汽车电子设备、电话机、定时器等电子产品中作发声器件，外形如图 3-4 所示。

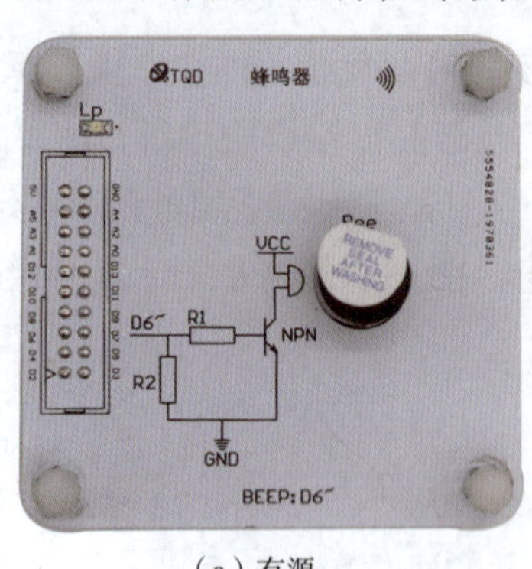

（a）有源

（b）无源

图3-4　蜂鸣器

蜂鸣器分为有源蜂鸣器和无源蜂鸣器两种，这里的“源”不是指电源，而是震荡源。有源蜂鸣器内部自带震荡源，一通电就会鸣叫，使用相对简单；而无源蜂鸣器内部没有震荡源，必须使用 PWM 方波来驱动，使用不同的模拟量可以让它发出不同的音调。本实验是采用蜂鸣器作为报警设备，所以选用有源蜂鸣器。蜂鸣器模块引脚及功能见表 3-3。

表3-3　蜂鸣器模块与控制器模块引脚的连接方式

序　号	蜂鸣器模块数据通信引脚及功能	控制器模块引脚及功能
1	VCC（电源）	VCC（电源）
2	GND（地）	GND（地）
3	IN（输入）	D6（数字信号输入）

任务实施

整体流程：超声波传感器模块首先检测障碍物距离，然后对距离进行判断，假设大于 15 cm 时是安全距离，当小于 15 cm 时，进行报警，蜂鸣器鸣叫。

一、绘制流程图

报警流程图如图 3-5 所示。

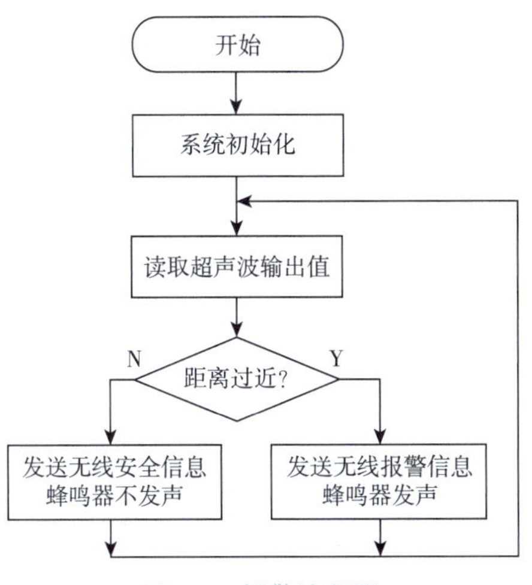

图3-5　报警流程图

二、图形化编程

1. 超声波测距实验

① 在 Generic Hardware 栏中找到超声波模块和液晶模块，拖出对应模块如图 3-6 所示。实验平台上使用的是 1602 液晶模块，切勿用错。

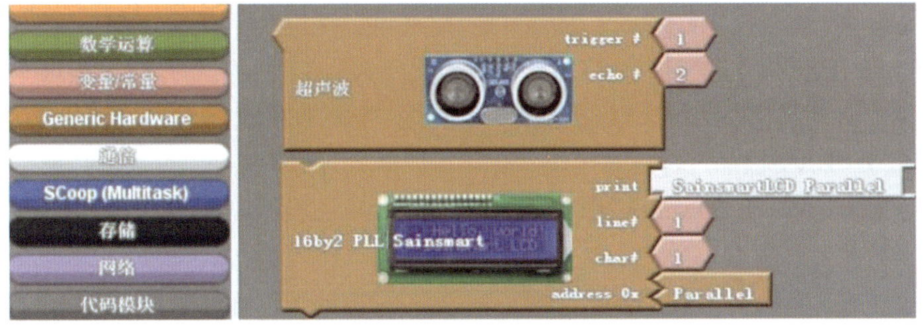

图3-6　拖出对应模块

液晶模块有四个小的扩展模块，分别是 print、line、char、address 0x。print 后面的内容是希望在 LCD 模块上显示的内容，line 后面的数字表示希望从第几行开始显示，char 后面的数字表示希望从该行第几位字符开始显示，address 0x 后面的模块表示模块是串行通信的。

串行打印是通过串口监视器或蓝牙显示，液晶是通过显示屏显示。

两个模块的通信同样需要使用 glue 模块来连接，修改超声波图形的引脚号，如图 3-7 所示。

图3-7　超声波显示程序

上传程序，观察现场，测出的距离如图 3-8 所示。

图3-8　测出的距离

② 当测距变化微弱时，数据显示影响较小；但是当测距变化较大时，非常不利于观察，并且数据出现 10 倍的偏差，是由于前一刻的数据和后一刻的数据几乎重叠在一起。

例如，前一时刻的检测值是 122 cm，下一时刻检测的实际距离是 15 cm 时，液晶显示的数据会是 152。这是因为液晶没有消除最后一位数字 2，从而出现错误。

当变化频率过快时，数字还会重叠，由于人眼的视觉暂留现象，很难看清数据。必须寻找办法解决这一问题。

③ 可以对液晶进行擦除操作，在显示数据之前都要擦除上一次的数据。

在 Generic Hardware 栏中有一个这样的模块，擦除操作的位置如图 3-9 所示。

图3-9　擦除操作

图 3-10 中有多种功能可供选择，这里选择 CLEAR，并将通信方式修改为和 1602 液晶相同的 Parallel，如图 3-10 所示。

图3-10　修改通信方式

在电位器输出实验中，为了让电位器输出值刷新慢一些，添加一个延时函数。这里可尝试采用同样的方法。添加延时函数后的主程序如图 3-11 所示。

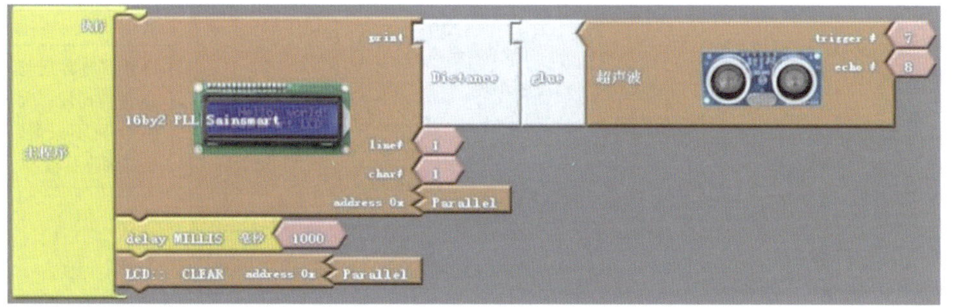

图3-11　添加延时函数后的主程序

注意：delay 延时和 CLEAR 的前后顺序，如果 CLEAR 在 delay 前面，液晶屏会先执行擦除操作，在液晶屏上将几乎看不到数据。

2. 电子防护栏实验

完成超声波测距以后，接下来就尝试对测距结果进行判断。

当距离大于 15 cm 时，蜂鸣器不发声；当距离小于等于 15 cm 时，蜂鸣器鸣叫报警。

这是一个条件判断，并且只有两种情况，所以选择“如果 / 否则”图形，如图 3-12 所示。

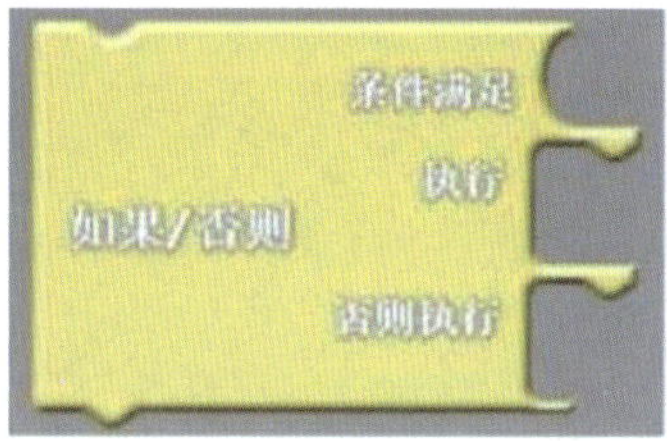

图3-12　“如果/否则”模块

将超声波测距结果和数字 15 进行比较，如图 3-13 所示。

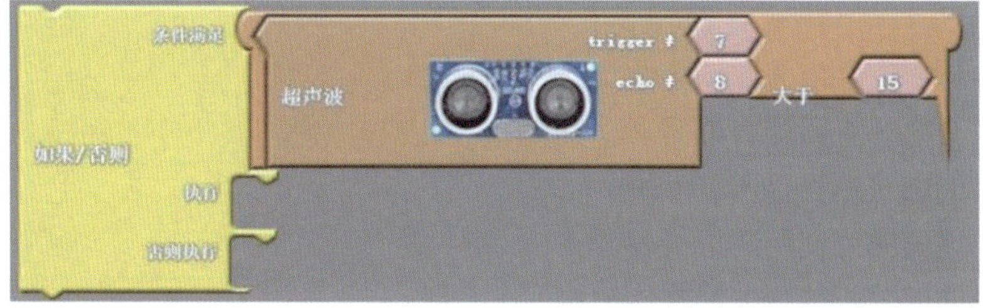

图3-13　比较程序

将蜂鸣器控制程序加入“如果 / 否则”模块当中，并连接主函数，如图 3-14 所示。

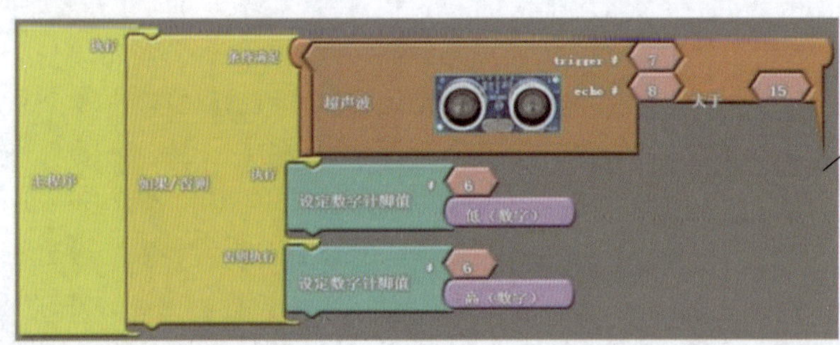

图3-14　电子防护栏实验

至此，就完成了电子防护栏实验。

注意：下载程序时一定要按下白色按钮（蓝牙模块与核心控制器分离），等到程序全部上载成功，再将白色按钮弹起（蓝牙模块连接到核心控制器上），否则可能会造成程序下载失败。液晶显示部分，要注意 CLEAR 和 delay 的前后顺序。

问题探究

1. 电子防护栏主要由哪几部分组成？
2. 同时使用超声波传感器模块和液晶显示模块时应注意什么？

任务二　室内安防系统的调试

任务描述

为防止室内失窃等不良事件，通常都会安装被动式红外检测装置。本任务利用红外传感器模块、蜂鸣器模块和三色 LED 模块，实现室内安防系统的控制。当检测装置启动后，一旦这期间有人员入侵，将立刻发出警报。

学习目标

① 会熟练查阅资料说明书。
② 能够快速找出所需模块。
③ 能够熟练使用测量仪表。
④ 能够分析热释电红外传感器工作原理。
⑤ 能够识别和使用红外传感器模块、三色 LED 灯模块。

视　频

室内安防系统

⑥ 能够熟练使用红外传感器模块和三色 LED 模块、蜂鸣器模块实现室内安防系统。

⑦ 增强安全防范意识。

相关知识

室内安防系统常使用人体红外作为被动式检测装置，通过人体红外控制无源蜂鸣器报警学习室内安防系统的具体应用。智能警报——室内安防系统，主要由 Arduino 控制模块、红外传感器模块、蜂鸣器模块、三色 LED 模块等组成。

一、热释电红外线传感器的基本结构和原理

热释电红外（PIR）传感器，亦称热红外传感器，是一种能检测人体发射的红外线的新型高灵敏度红外探测元件。它不受白天黑夜的影响，可昼夜不停地用于监测，广泛地用于防盗报警。它能以非接触形式检测出人体辐射的红外线能量的变化，并将其转换成电压信号输出。将输出的电压信号加以放大，便可驱动各种控制电路，可作电源开关控制、防盗防火报警等。热释电红外线传感器由探测元、滤光窗和场效应管阻抗变换器等三部分组成，如图 3-15 所示。

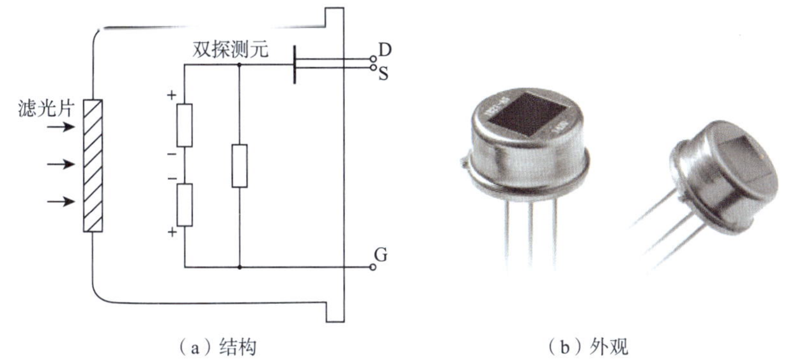

图3-15 热释电红外线传感器的结构和外观

对不同的传感器来说，探测元的制造材料有所不同。例如，SD02 的敏感单元由锆钛酸铅制成；P2288 由 $LiTaO_3$ 制成。将这些材料做成很薄的薄片，每一片薄片相对的两面各引出一个电极，在电极两端则形成一个等效的小电容。因为两个小电容做在同一硅晶片上，因此形成的等效小电容能自身产生极化，在电容的两端产生极性相反的正、负电荷。传感器中两个电容是极性相反串联的。

当传感器没有检测到人体辐射出的红外线信号时，在电容两端产生极性相反、电量相等的正、负电荷，正负电荷相互抵消，回路中无电流，传感器无输出。

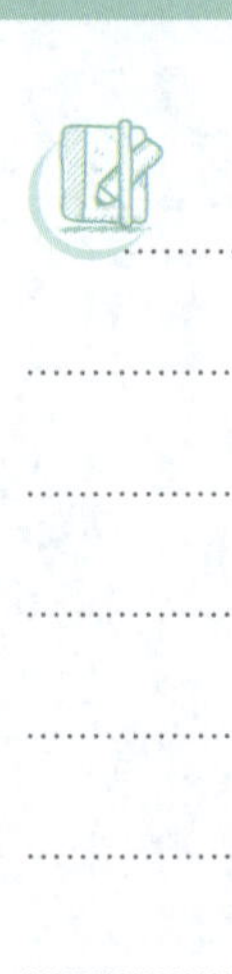

当人体静止在传感器的检测区域内时，照射到两个电容上的红外线光能能量相等，且达到平衡，极性相反、能量相等的光电流在回路中相互抵消，传感器仍然没有信号输出。

当人体在传感器的检测区域内移动时，照射到两个电容上的红外线能量不相等，光电流在回路中不能相互抵消，传感器有信号输出。

综上所述，传感器只对移动或运动的人体以及体温近似人体的物体起作用。

滤光窗是由一块薄玻璃片镀上多层滤光层薄膜而成的，能够有效地滤除 7.0 ~ 14 μm 波长以外的红外线。人体的正常体温为 36 ~ 37.5℃，其辐射的最强的红外线的波长为 λ_m=2 989/（309 ~ 310.5）μm=9.67 ~ 9.64 μm，中心波长为 9.65 μm，正好落在滤光窗的响应波长的中心。所以，滤光窗能有效地让人体辐射的红外线通过，而最大限度地阻止阳光、灯光等可见光中的红外线的通过，以免引起干扰。

被动红外传感器是靠探测人体发射的红外线来进行工作的。传感器收集外界的红外辐射进而聚集到红外传感器上。红外传感器通常采用热释电元件，这种元件在接收到红外辐射温度发出变化时，就会向外释放电荷，检测处理后产生报警。被动红外传感器外形如图 3-16 所示。

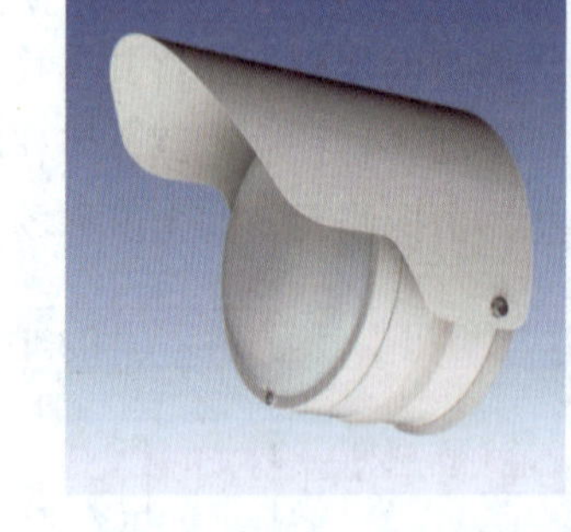

图3-16　被动红外传感器外形

被动红外传感器是以探测人体辐射为目标，所以辐射敏感元件对波长为 10 μm 左右的红外辐射非常敏感。为了对人体的红外辐射敏感，在它的辐射面通常覆盖有特殊的滤光片，使环境的干扰受到明显控制。

一旦入侵人员进入探测区域，由于人体红外辐射的干扰，探测信号发生改变，从而引发报警。

二、红外传感器模块

本任务使用的红外传感器模块如图 3-17 所示。

图3-17　红外传感器模块

红外传感器的最大检测面是一个半球，所以上面制作有一个半球保护罩。

当检测到人体红外时，半球内的热释电探头受影响，温度产生变化，经过电路转换输出高电平；反之输出低电平。人体红外模块与控制器模块的连接方法为人体红外模块数据通信的输出引脚 OUT 与控制器模块引脚 D7 相连。人体红外模块引脚与控制模块引脚见表 3-4。

表3-4　人体红外模块与控制器模块引脚的连接方式

序　号	人体红外模块数据通信引脚与功能	控制器模块引脚与功能
1	VCC（电源）	VCC（电源）
2	GND（地）	GND（地）
3	OUT（输出）	D7（输出）

注意：红外传感器的探测面积较大，在使用时，应当避免其他人员干扰。

三、三色LED模块

三色 LED 模块和单色 LED 模块类似，但它有四个针脚，通过控制 B、G、R 三个针脚有无信号输入，来实现三色模块点亮不同的颜色。三色 LED 模块如图 3-18 所示。

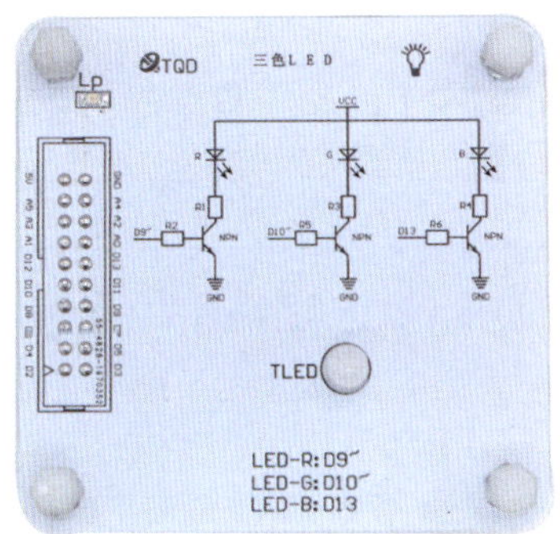

图3-18　三色LED模块

三色 LED 模块与控制器模块引脚连接方式见表 3-5。

表3-5　三色LED模块与控制器模块引脚的连接方式

序　号	三色 LED 数据通信引脚及功能	控制器模块引脚及功能
1	GND（地）	GND（地）
2	R（输出 Red）	D9（Red 数字引脚）
3	G（输出 Green）	D10（Green 数字引脚）
4	B（输出 Blue）	D13（Blue 数字引脚）

除此之外，在实验当中还会用到蜂鸣器模块以及控制模块上的蓝牙功能。

任务实施

整体流程：工作开放时间，人员经过，发送蓝牙指令关闭报警系统；非工作时间，人员经过，发送指令启动报警系统。与红外对射相同，当检测到人体红外时，红外传感器输出信号改变，由低电平变为高电平。以此作为判断条件，控制三色 LED 警报闪烁、无源蜂鸣器不同频率鸣叫。

一、绘制流程图

人体红外模块工作流程图如图 3-19 所示。

开始
系统初始化
读取人体红外传感器状态
检测到人体红外？（高电平）
N
Y
绿灯长亮、蜂鸣器停止
灯光闪烁、蜂鸣器报警

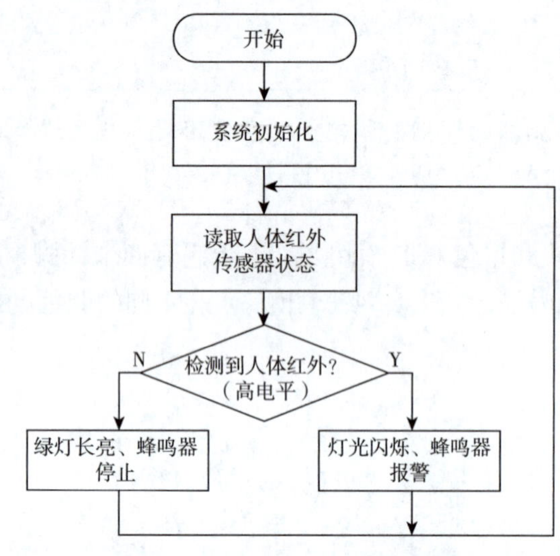

图3-19　人体红外模块工作流程图

二、图形化编程

1. 红外传感器输出检测实验

实验使用模块如图 3-20 所示。输出信号如图 3-21 所示。

主程序
执行
串行打印
消息
新行
level
glue
数字针脚
7
true

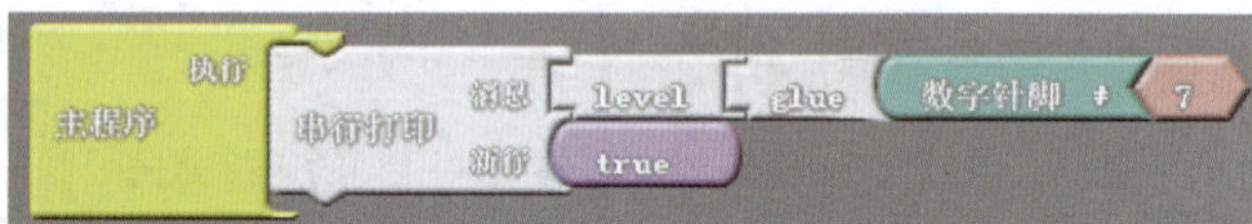

图3-20　实验使用模块

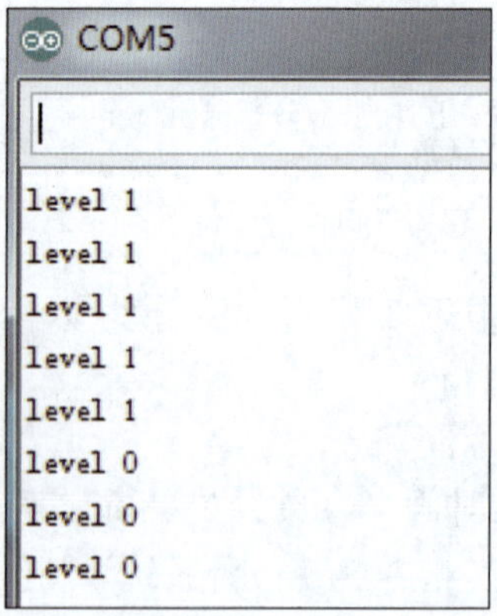

COM5
level 1
level 1
level 1
level 1
level 1
level 0
level 0
level 0

图3-21　输出信号

2. 无源蜂鸣器驱动实验

想驱动无源蜂鸣器，需要给它施加一个“源”，即具有一定频率的方波。直接用高电平驱动无源蜂鸣器没有声音输出，程序如图 3-22 所示。

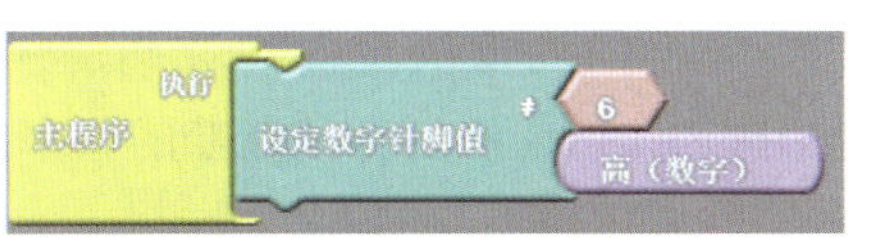

图3-22　高电平驱动

当尝试用交替的高低电平驱动无源蜂鸣器，逐渐缩小延时，直到小于 10 ms 时，可以明显听到有声音发出，如图 3-23 和图 3-24 所示。以图 3-26 为例，完成一次循环需要 2 ms，这时驱动无源蜂鸣器的频率就是 500 Hz。尝试继续增加频率，换用微秒延时来观察现象。频率越高，声音越尖锐。

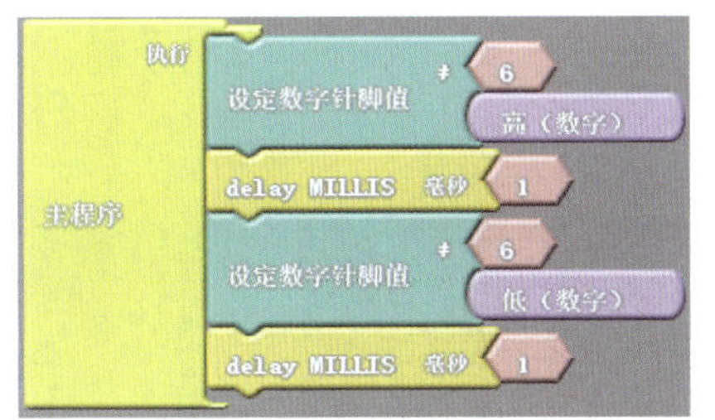

图3-23　交替高低电平驱动（1 ms）

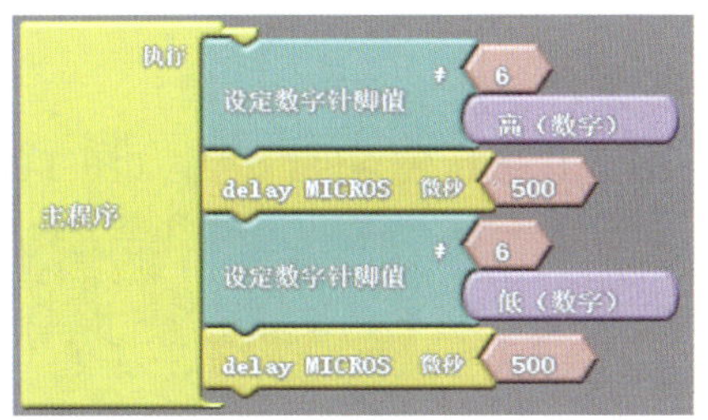

图3-24　交替高低电平驱动（500 μs）

结合前面学习的 PWM 知识，可以通过修改模拟值的大小，改变高电平的占空比——在一个周期内高电平持续时间的百分比，修改占空比的程序如图 3-25 所示。

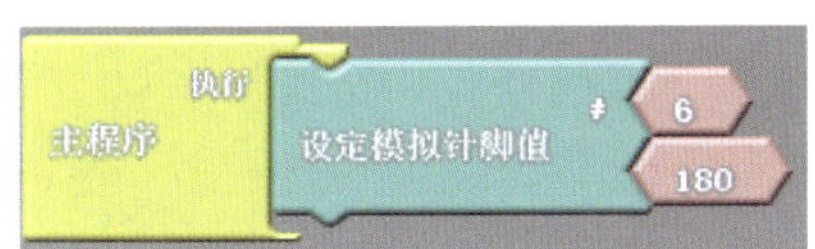

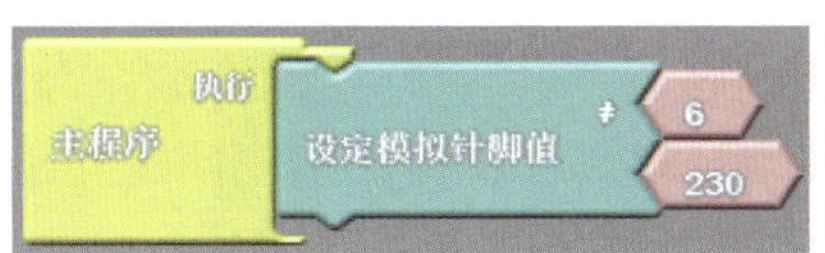

图3-25　修改占空比

百分比越高，声音越大，但是这样无法控制声音的音调，即频率。

下面介绍一种设置引脚频率的简便方法，“引脚”栏中的“音”模块如图 3-26 所示。

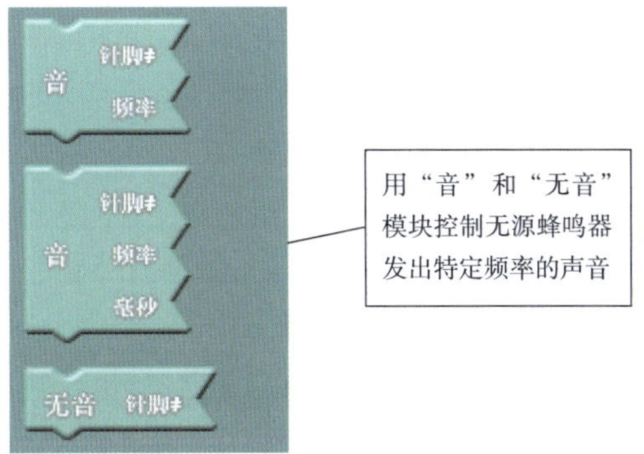

图3-26　“音”模块

这里以选用第一种为例，如图 3-27 所示。

频率的高低决定发声音调，频率取值最好在 1 ~ 5 kHz 之间。这里选择 2 kHz 和 4 kHz 作为音调渐变的频率，实验程序如图 3-28 所示。

图3-27　设置引脚频率

图3-28　选择2 kHz和4 kHz渐变频率

3. 室内安防系统警报实验

① 先设置比较条件，程序如图 3-29 所示。

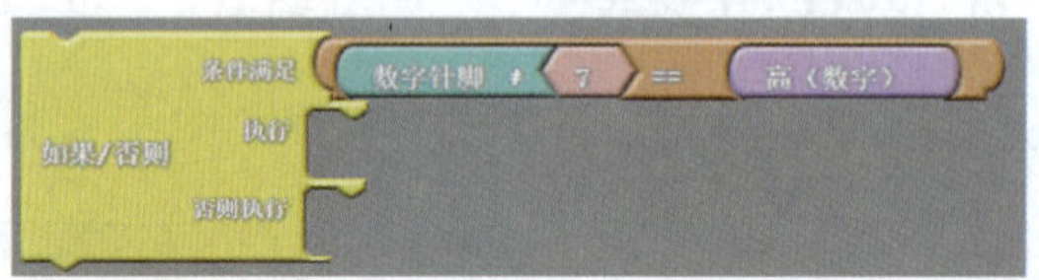

图3-29　设置比较条件

检测到高电平，说明有人入侵，发出报警信息。输出情况如图 3-30 所示。反之，是无音状态，说明安全，如图 3-31 所示。

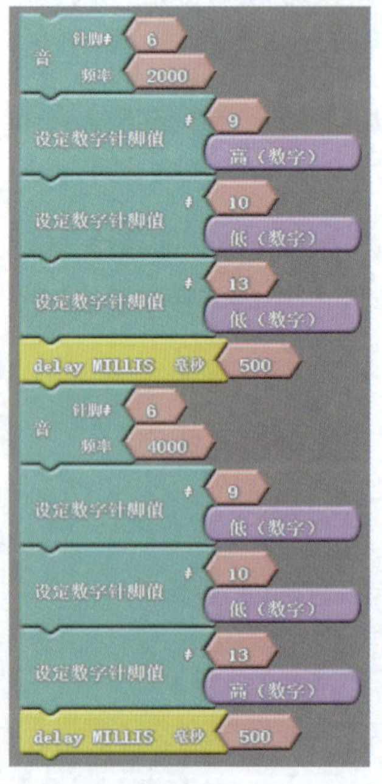

图3-30　输出情况

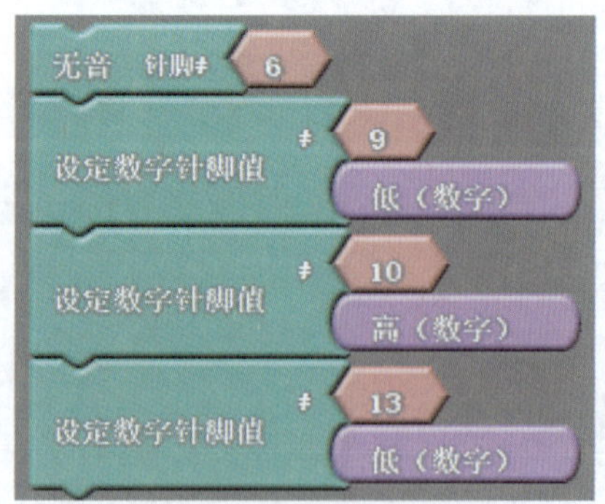

图3-31　无音状态

② 由于程序图形较长，可引入“控制”栏中的子程序图形，如图 3-32 所示。

图3-32　子程序图形

将子程序放在主程序中即可实现对真实程序图形的调用。设置两个子程序，分别命名为 safe 和 warning，并将真实图形程序放到 commands 的图形中，在“如果 / 否则”中调用小图标即可。完整程序如图 3-33 所示。

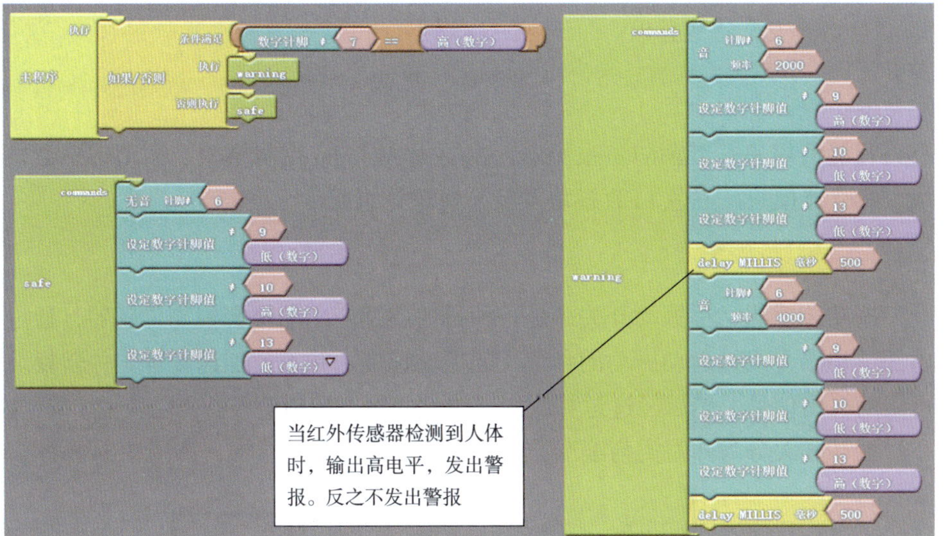

图3-33　完整程序

注意：白色按钮作为蓝牙和电脑串口切换开关，下载时一定要按下去。

问题探究

1. 红外传感器模块有什么样的特点？

2. 在 warning 程序中，可否先完成蜂鸣器的声音渐变，再完成三色 LED 的变换？结果会有什么不同？

任务三　车辆防盗报警的调试

任务描述

为实现车辆防盗报警功能，本任务使用了振动传感器模块、蜂鸣器模块、三色 LED 模块以及蓝牙模块等元件。当有人敲击、碰撞或移动汽车时，系统会发出警示声音或全面启动警报，并迅速通知车主，帮助他们快速赶到车辆所在位置。

学习目标

① 能够熟练查阅资料说明书。

② 能够快速找出所需模块。

③ 能够熟练使用测量仪表。

④ 能够分析振动传感器工作原理。

⑤ 能够识别与使用振动传感器模块。

⑥ 能够熟练使用振动传感器模块和蜂鸣器模块完成车辆防盗报警器的制作。

⑦ 培养安全防范意识。

视 频

车辆防盗报警

相关知识

智能警报——车辆防盗报警器，主要由 Arduino 控制模块、振动传感器模块、蜂鸣器模块、三色 LED 模块及蓝牙模块等组成。

一、振动传感器工作原理及分类

振动传感器又称振动开关，是一种目前广泛应用的报警检测传感器，通过内部结构感受机械运动振动的参量（如振动速度、频率、加速度等）并转换成可用的输出信号，然后经过运算放大器放大并输出控制信号。

振动开关分为弹簧类与滚珠类。弹簧类振动开关的结构，如图 3-34 所示。

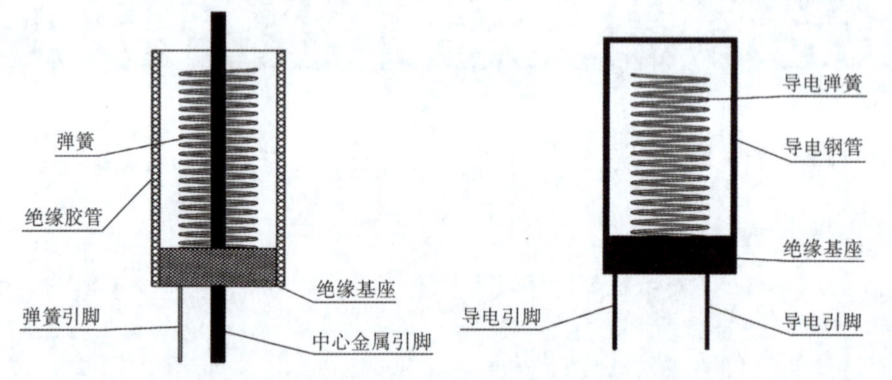

图3-34 不同封装形式的弹簧振动开关

滚珠结构振动开关的结构如图 3-35 所示。

根据工作状态又分为常开型和常闭型。

① 常开型：静止状态电路呈现断开状态，输出高电平；振动时电路闭合，输出低电平。

② 常闭型：静止状态电路呈现闭合状态，输出低电平；振动时电路断开，输出高电平。

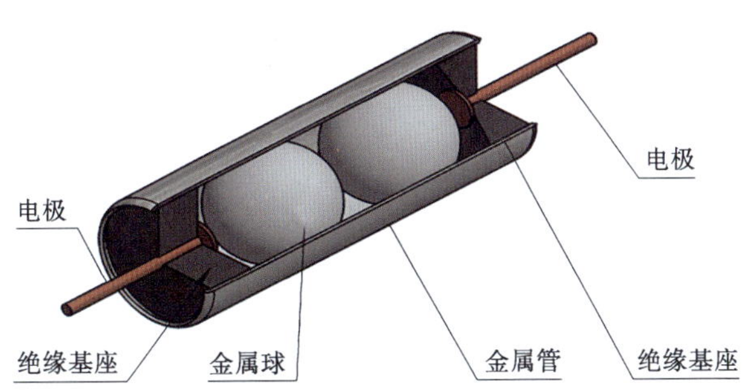

图3-35　滚珠弹簧开关

二、振动传感器模块

振动传感器模块外形如图 3-36 所示。

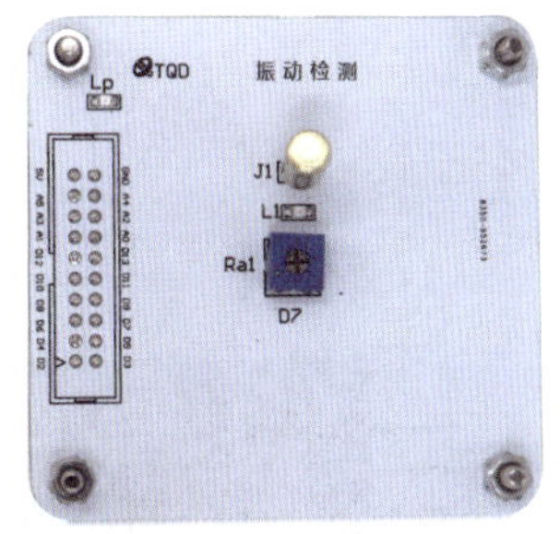

图3-36　振动传感器模块外形

采用滚珠结构，利用其中小珠部件的滚动，制造与金属端子的触碰产生导通或不导通的效果。振动传感器类似按键模块，通过感受外界变化输出信号。振动传感器和控制器模块的连接方式为振动传感器模块数据通信引脚的输出和控制器模块的 D7 引脚连接。振动传感器模块和控制器模块引脚见表 3-6。

表3-6　振动传感器模块与控制器模块引脚的连接方式

序　　号	振动传感器模块数据通信引脚及功能	控制器模块引脚及功能
1	VCC（电源）	VCC（电源）
2	GND（地）	GND（地）
3	OUT（输出）	D7（数字输出端）

实验所用振动传感器为常闭型设计，即静止状态电路呈现闭合状态，输出低电平；振动时电路断开，输出高电平。

三、蓝牙模块

蓝牙可进行设备之间的短距离数据交换。使用蓝牙模块时，需要在手机上安装一个蓝牙串口软件（蓝牙 App），实现给控制器发送指令，对控制器模块进行控制。蓝牙串口助手主界面如图 3-37 所示。

型号 HC-06 蓝牙模块相当于一个接口，能够接收到手机上蓝牙串软件发来的信号，通信距离最远可达 10 m。图 3-38 所示为蓝牙模块的正反面外形。

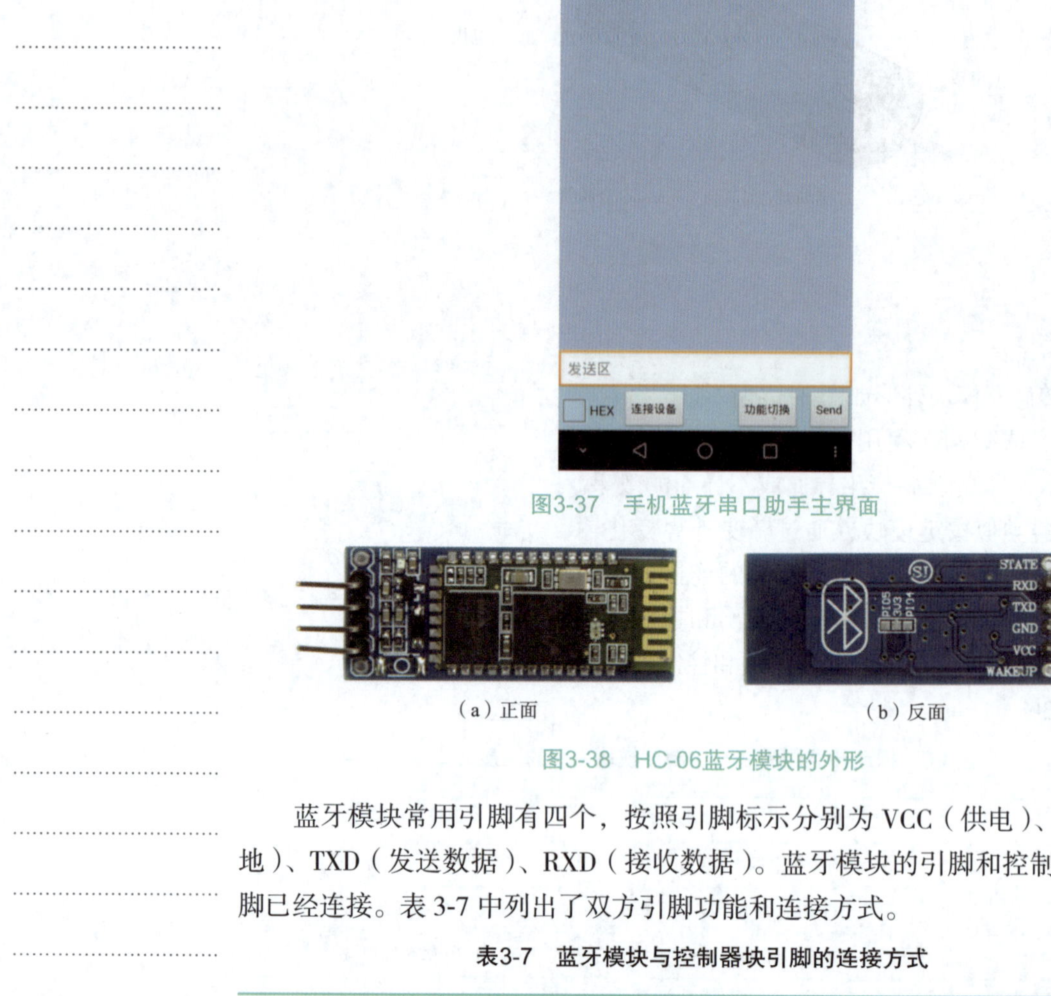

图3-37　手机蓝牙串口助手主界面

（a）正面　　（b）反面

图3-38　HC-06蓝牙模块的外形

蓝牙模块常用引脚有四个，按照引脚标示分别为 VCC（供电）、GND（接地）、TXD（发送数据）、RXD（接收数据）。蓝牙模块的引脚和控制器模块引脚已经连接。表 3-7 中列出了双方引脚功能和连接方式。

表3-7　蓝牙模块与控制器块引脚的连接方式

序　号	蓝牙模块数据通信引脚及功能	控制器模块引脚及功能
1	VCC（电源）	VCC（电源）
2	GND（地）	GND（地）
3	RXD（接收端）	TXD（发送端）
4	TXD（发送端）	RXD（接收端）

蓝牙模块引脚和核心控制器引脚的发送端和接收端交叉连接。当给控制器通电时，蓝牙模块红色小灯一直闪烁，表示尚未建立蓝牙无线连接；当红色小灯常亮时，表示已经建立蓝牙无线连接。蓝牙开关如图 3-39 所示。

白色按钮——蓝牙开关：按下时蓝牙从核心板断开，弹起时蓝牙连入核心板。下载程序时需要按下，下载成功后需要弹起。

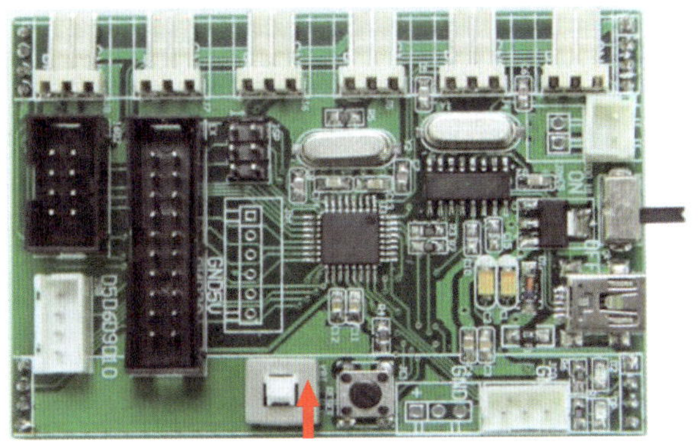

图3-39　蓝牙开关

除此之外，在实验当中还会用到三色 LED 模块、蜂鸣器模块。

任务实施

整体流程：车辆防盗系统的核心是振动检测，是判断条件。当有振动产生时，说明车辆受到侵害，控制器发送报警；没有振动时，不报警。

一、绘制流程图

车辆防盗系统流程图如图 3-40 所示。

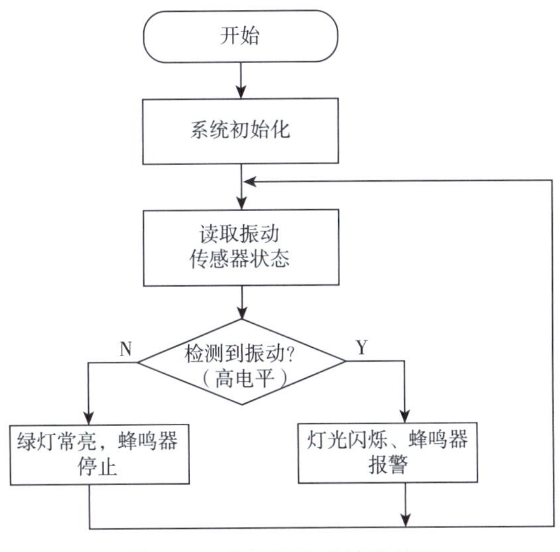

图3-40　车辆防盗系统流程图

二、图形化编程

1. 振动传感器输出检测实验

实验程序如图 3-41 所示。

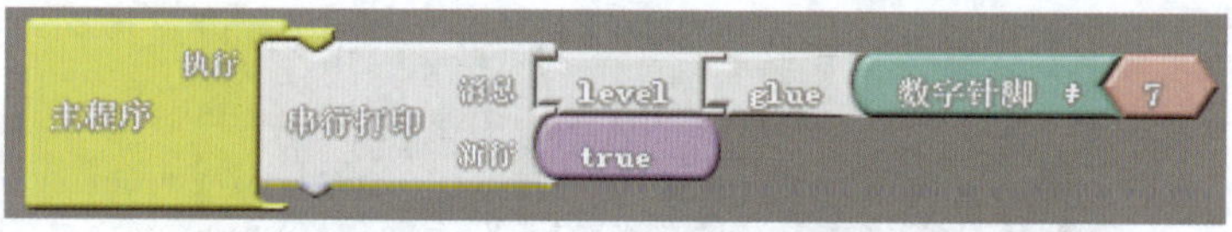

图3-41 动传感器输出检测

输出电平显示如图 3-42 所示。

2. 无源蜂鸣器驱动实验

无源蜂鸣器驱动实验程序如图 3-43 所示。

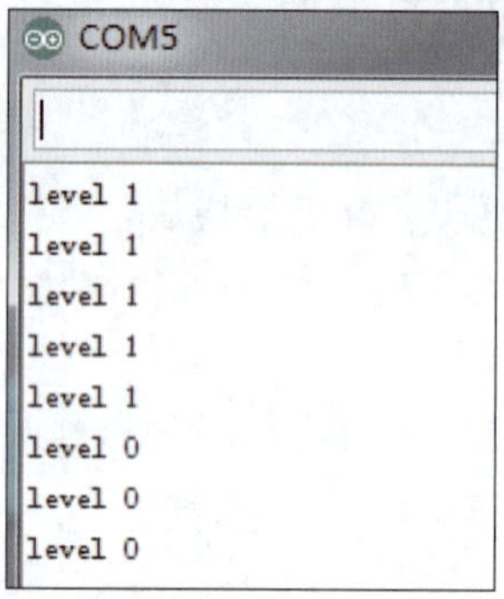

图3-42 输出显示

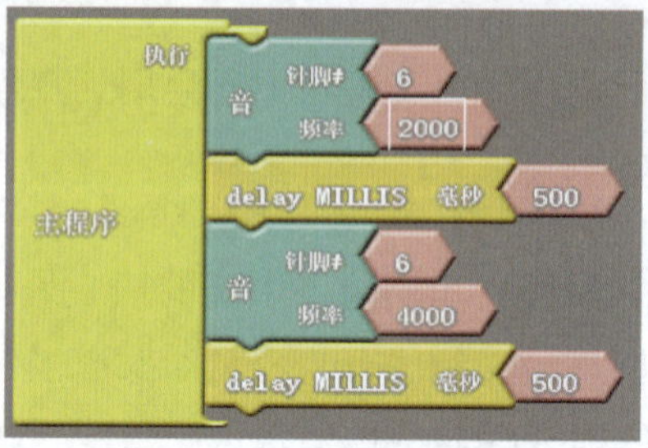

图3-43 2 kHz和4 kHz渐变

3. 振动报警试验

振动报警实验整体程序如图 3-44 所示。

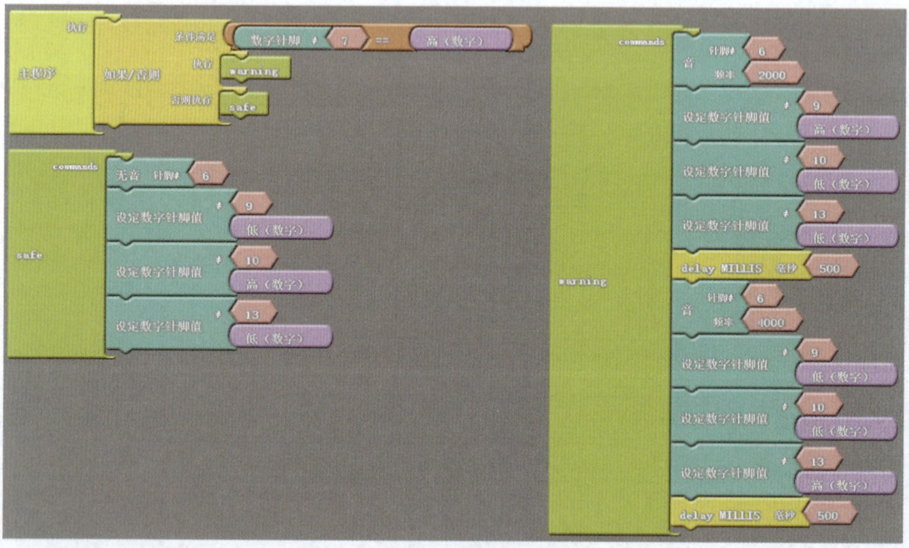

图3-44 振动报警实验整体程序

4. 手机蓝牙控制车辆防盗报警系统的启动和关闭实验

车辆闲置时，需要打开防盗报警；而车辆在使用时，需要关闭防盗系统。

通过添加手机蓝牙发送无线指令控制防盗系统的启动和关闭。

使用手机遥控 LED 实验的程序（去掉 LED 亮灭和串行打印程序），用“o”表示打开，“c”表示关闭，程序如图 3-45 所示。

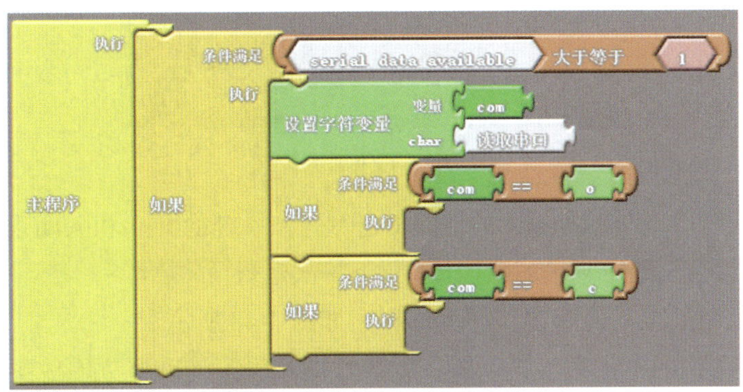

图3-45　使用手机遥控程序

直接在两个“如果”图形中添加人体红外检测程序，具体方法如图 3-46 所示。

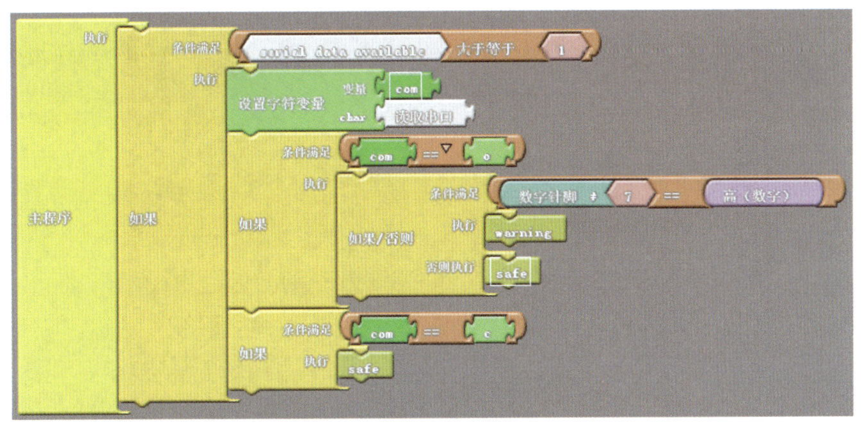

图3-46　添加人体红外检测程序

上传程序，可看到人体红外报警系统几乎不工作。因为主程序是一个循环体，在首次接收“o”或“c”时，进入对应的“如果”程序，判断匹配条件是否满足，然后运行对应程序。结束后主程序开始循环，进行第二次运行，由于没有接收到“o”或“c”指令，不会再次进入两个“如果”程序，蜂鸣器和 LED 灯继续维持上一次运行的最终状态，无法再次进行控制。

此时需要设置一个状态表示上一次接收的指令是“o”还是“c”。可设置 state 作为系统的状态，当 state=0 时，系统启动；当 state=1 时，系统关闭。两种不同状态的比较如图 3-47 所示。

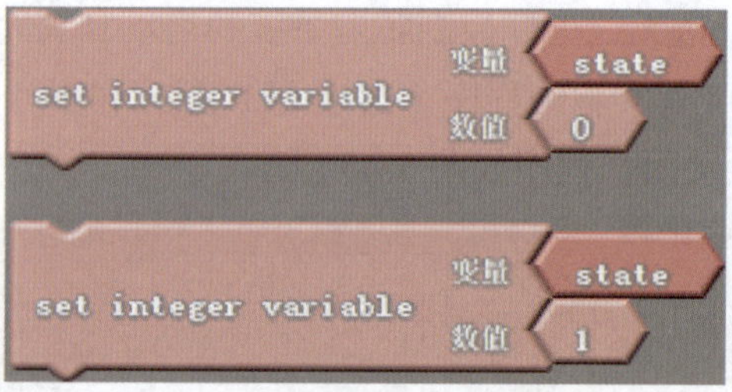

图3-47　设置状态比较

“o”或“c”仅控制 state 的值是 0 还是 1，系统的开启和关闭仅和 state 值有关。不会因接收不到指令而无法进行下一次运行。

蓝牙控制的振动传感器整体工作程序如图 3-48 所示。

注意：图 3-48 中多个“如果”图形的摆放位置。因振动传感器比较灵敏，使用时应放置在比较平稳的环境中。

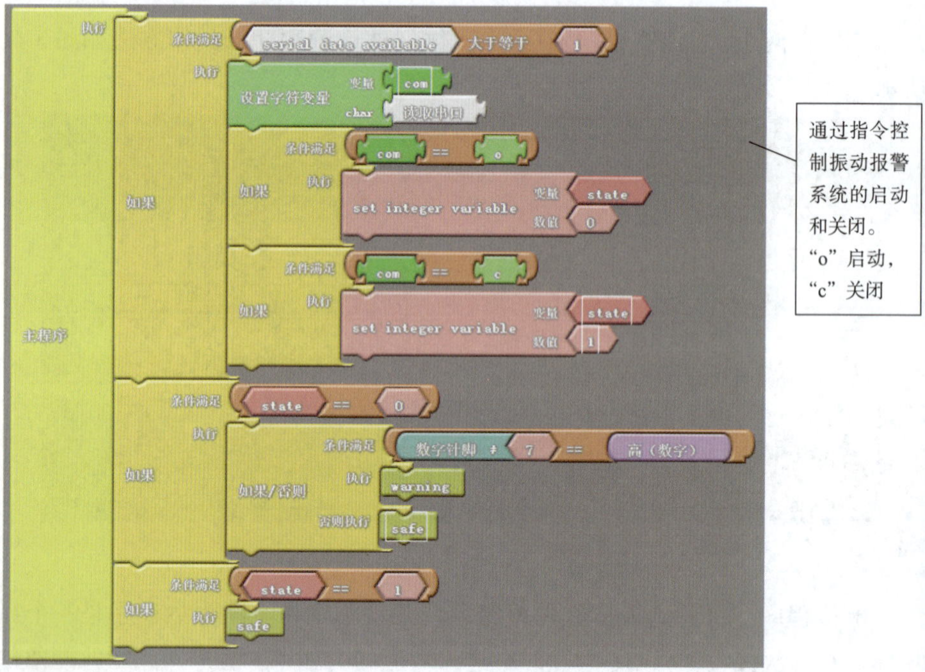

通过指令控制振动报警系统的启动和关闭。“o”启动，“c”关闭

图3-48　整体工作程序

问题探究

1. 实验中的振动传感器模块有什么样的特点？
2. 车辆在行驶时是否应该关闭振动报警？如何实现？

项目四
智能风扇系统的搭建与调试

项目引入

在人们的日常生活、工业制造、制冷等领域，温度是很重要的因素。但使用传统温度计采集温度信息，采集精度低，实性差，自动化程度低。而智能温控系统能够按照实际需要设置温度控制的范围，并根据在温度调整过程中的温度变化情况，输出智能控制信号，实现温度的精确控制，用于实时监测并调节居住环境温度，以提高居住舒适度。在温控领域，智能温控系统具有广阔的市场前景和迫切的应用需求。

知识图谱

围绕温度传感器的检测、电机运行的工作任务包含的内容，知识图谱如下：

- 项目四　智能风扇系统的搭建与调试
  - 任务一　简易风扇的调试
    - 步进电机
    - 直流电机
    - 风扇启停程序
    - 风扇按键控制程序
  - 任务二　感温风扇的调试
    - LM35 温度传感器
    - 感温风扇液晶显示测温程序
  - 任务三　智能风扇的调试
    - 子程序
    - 变量设置
    - 智能风扇按键、蓝牙、温度三种模式控制风扇调试程序

任务一　简易风扇的调试

任务描述

能够合理地选择电机，明确电机的原理和种类。利用图形化编程软件编写电机调试程序，实现简易风扇的正转、反转、停止及调速。

视 频

简易风扇

学习目标

① 能够熟练查阅创新课程平台的资料说明书。
② 能够熟练使用图形化编程软件。
③ 能够熟练分析控制器引脚输出类型。
④ 能够区分步进电机与直流电机。
⑤ 能够应用“如果 / 否则”语句编写条件判断程序。
⑥ 培养严谨的工作态度。

相关知识

风扇用电能或人力驱动扇叶的转动，通过扇叶的旋转带动空气流动，达到降温和驱散热气或潮气的目的，风扇主要由扇头（一般为电动机）、扇叶两部分组成。扇叶一般有一定曲面，在旋转时，可以使空气产生流动。

图4-1 风扇

电动机（electric machinery）是指依据电磁感应定律实现电能转换或传递的一种电磁装置。在电工电子领域，常用的电机有步进电机和直流电机。风扇外形图如图 4-1 所示。

一、步进电机

步进电机是将电脉冲信号转变为角位移或线位移的开环控制电机。在非超载的情况下，电机的转速、停止的位置只取决于脉冲信号的频率和脉冲数，而不受负载变化的影响。图 4-2 所示为步进电动机结构示意图。

步进电机以固定的角度逐步运行，速度通常较慢，很少应用在风扇上。但步进电机控制精度很高，广泛应用于数控领域，如 3D 打印机和机器人的控制等。

（a）外形

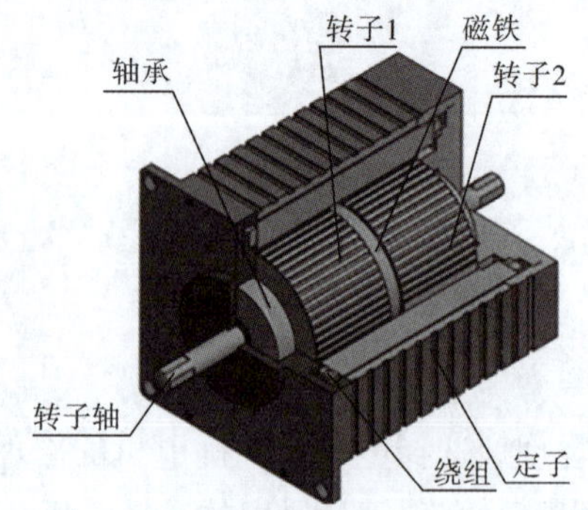

（b）内部组成

图4-2 步进电机结构示意图

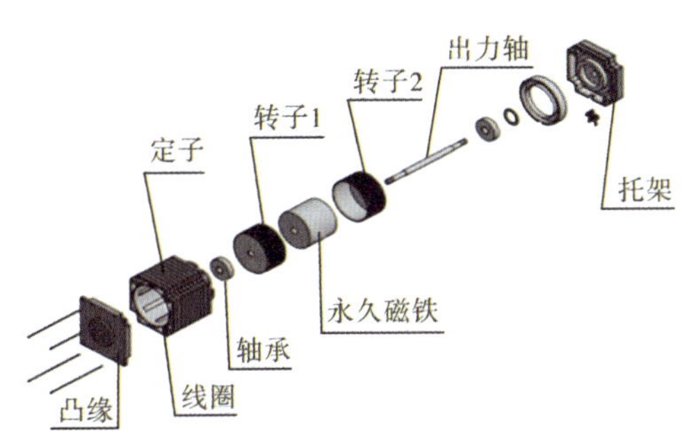

（c）分解图

图4-2　步进电机结构示意图（续）

二、直流电机

直流电机有直流发电机和直流电动机两种类型。将机械能转化为电能的是直流发电机，将电能转化为机械能的是直流电动机。

直流电机由定子和转子两部分组成。直流电机运行时静止部分称为定子，定子的主要作用是建立磁场，主要由主磁极、换向磁极、电刷装置和端盖等部分组成。直流电机运行时转动部分称为转子，又称为电枢，其主要作用是感应电动势、通过电流、产生电磁转矩、实现机电能量转换，主要由电枢铁芯、电枢绕组、换向器、转轴、风扇等部分组成。

直流电机具有良好的启动和调速性能，常应用于对启动和调速有较高要求的场合，例如风扇、随身听、电动刮胡刀等小型家电，工业领域大型轧钢设备、大型精密机床、矿井卷扬机、市内电车、电缆设备等地方。

三、创新课程平台风扇模块

创新课程平台中所使用的风扇模块包含直流电机与扇叶两部分，其外形如图 4-3 所示。

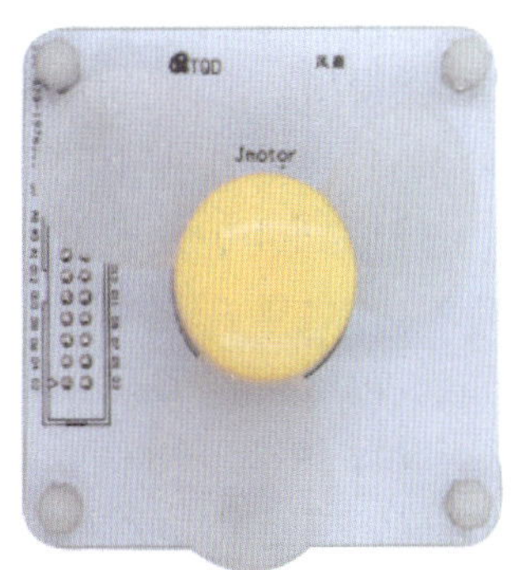

图4-3　风扇模块

风扇有两个数据通信引脚，分别为 IA 和 IB。二者均可以输入高电平或低电平，不同的输入方式可以实现风扇的不同方向转动。

当 IA 和 IB 电平相同，信号输入没有电压差时，风扇电机不会启动。只有当 IA 和 IB 电平不相等，信号输入存在电压差时，风扇电机才会启动。

风扇模块与控制器模块引脚的连接方式见表 4-1。

表4-1　风扇模块与控制器模块引脚的连接方式

序　号	风扇模块数据通信引脚及功能	控制器模块引脚及功能
1	VCC（电源）	VCC
2	GND（地）	GND
3	IA（数据通信引脚）	D10（数字信号输入）
4	IB（数据通信引脚）	D9（数字信号输入）

任务实施

一、编写风扇启停程序

直流电机转动状态包括顺时针、逆时针、停止三种。顺时针风扇可以随直流电机转动方向的变化而变化。可以通过控制引脚 IA 和 IB 之间的电压差来进行控制。

1. 风扇静止程序

当 IA 和 IB 两端的电平相同时，无论高低电平，两端电压均为 0，不存在电流，电机停止转动。按照图 4-4 所示编写风扇静止程序。

图4-4　风扇静止程序

2. 风扇正转程序

设置 IA 高、IB 低，观察风扇转动方向，感受风扇吹动的气流方向为向上运动。得出结论：当 IA 输入高电平、IB 输入低电平时风扇正转。

按照图 4-5 所示编写风扇正转程序。

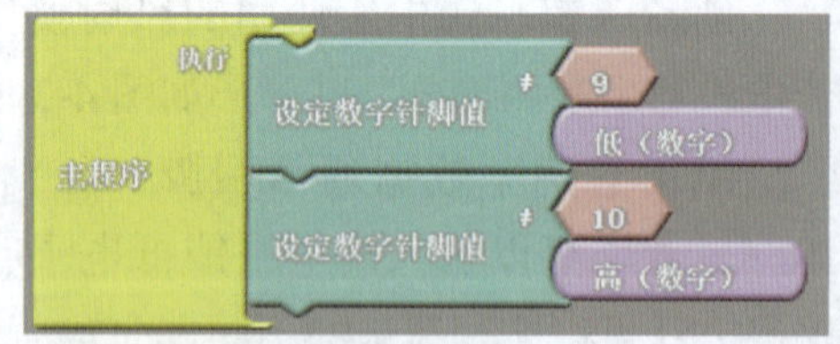

图4-5　风扇正转程序

3. 风扇反转程序

设置 IA 低、IB 高，观察风扇转动方向，感受风扇吹动的气流方向为向下运动。得出结论：当 IA 输入低电平、IB 输入高电平时风扇反转。

按照图 4-6 所示编写风扇反转程序。

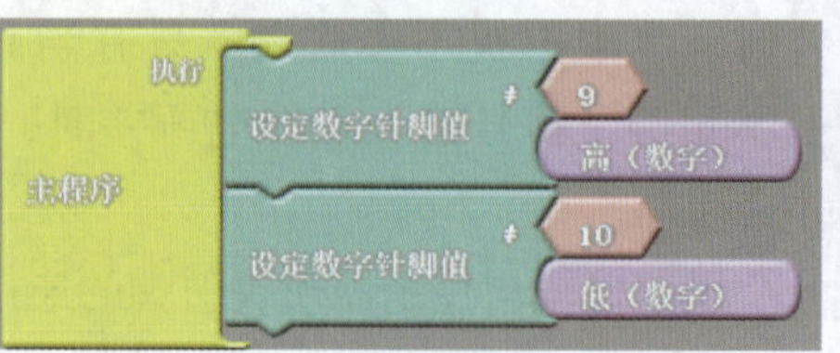

图4-6　风扇反转程序

二、编写按键控制风扇程序

考虑到安全及节能，选择 IA 和 IB 均低电平时作为风扇停止的条件。按照图 4-7 所示编写按键控制风扇启动和停止程序。

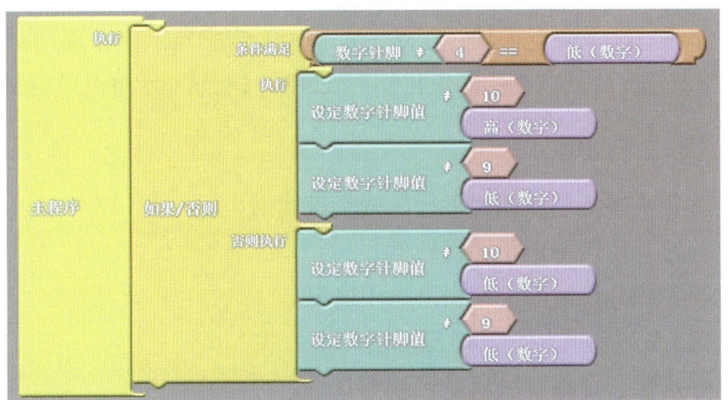

图4-7　按键控制风扇启动和停止

三、编写调速风扇程序

设置 10 号引脚的平均电压，即占空比分别选择 100 和 200 模拟量，来实现调节转速的目的。

按照图 4-8 所示编写按键控制风扇调速程序。

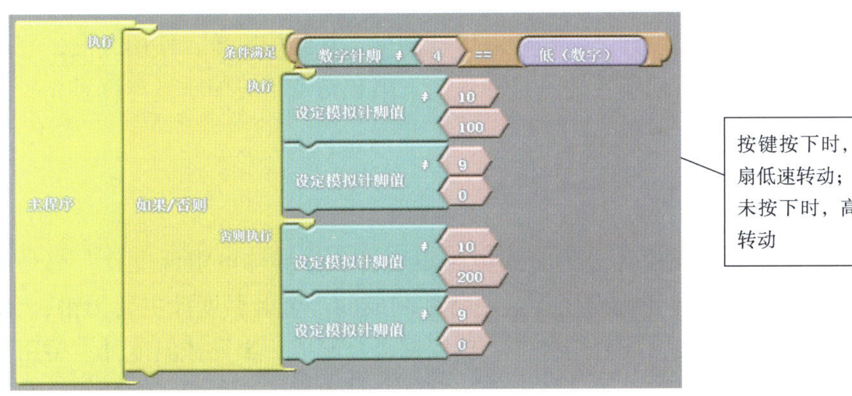

图4-8　按键控制风扇调速

安全提示：虽然扇叶是柔软塑料制作而成，但高电平转动时速度很快，一定要避免身体和扇叶直接触碰，以免受伤。

问题探究

1. 风扇正转常用来吹风，风扇反转时一般应用在哪里？
2. 除了按键外，还可以通过什么方式来控制风扇的启动、停止及不同转速？

任务二　感温风扇的调试

任务描述

能够合理地选择温度模块，了解 LM35 温度传感器工作原理，明确模拟信号转换电压及温度公式。利用图形化编程软件编写液晶显示感温风扇测温程序。

学习目标

① 能够熟练查阅创新课程平台的资料说明书。
② 能够熟练使用图形化编程软件。
③ 能够熟练分析液晶模块引脚占用情况。
④ 掌握 LM35 工作原理和电压温度转换公式。
⑤ 能够制作一个感温风扇。
⑥ 培养举一反三的思维模式。

视 频

电子温度计

相关知识

一、玻璃管温度计

玻璃管温度计是利用热胀冷缩的原理来实现温度测量的。由于测温介质膨胀系数、沸点、凝固点的不同，常见的玻璃管温度计主要有煤油温度计、水银温度计、红钢笔水温度计。玻璃管温度计的优点是结构简单，使用方便，测量精度相对较高，价格低廉；缺点是测量上下限和精度受玻璃质量与测温介质的性质限制，易碎。

二、数字（电阻）温度计

数字（电阻）温度计分为金属电阻温度计和半导体电阻温度计，都是根据电阻阻值随温度的变化而变化这一特性制成的。金属温度计主要用铂、金、铜、镍等纯金属制成，或者用铑铁、磷青铜合金制成；半导体温度计主要用的材料为碳和锗等。电阻温度计使用方便可靠，已得到广泛应用。它的测量范围为 -260 ~ 600℃。

三、LM35温度传感器模块

本创新平台所使用的温度传感器模块主体为LM35芯片，其优点是准确性高，只有 1℃以内的误差，测量范围达 -50 ~ 150℃，适合用于室温测量。

温度传感器模块如图 4-9 所示。

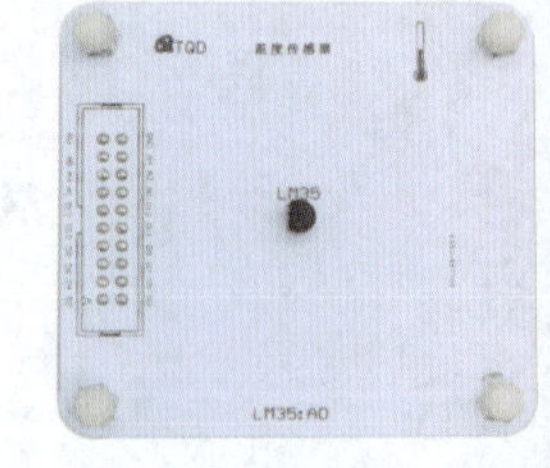

图4-9　温度传感器模块

1. LM35 温度转换公式

当 Arduino 以模拟信号读取温度传感器的数值时，原始数据要先转换成电压参数，再将电压转换成温度。转换关系有如下运算公式：

$$\text{Temperature}=\text{Out}\times 125\div 256$$

式中，Temperature 表示温度值，OUT 表示输出电压值。

温度传感器数据经过数学运算后转换为真实温度的程序如图 4-10 所示。

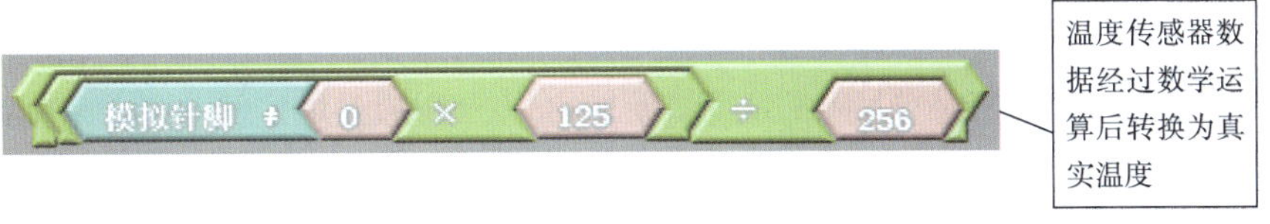

图4-10　数学运算转换为真实温度

2. LM35 温度传感器模块数据通信引脚

温度传感器模块数据通信引脚功能及其对应控制器模块引脚功能见表 4-2。

表4-2　温度传感器模块数据通信引脚及其对控制器模块引脚功能

序　号	温度传感器模块数据通信引脚及功能	控制器模块引脚及功能
1	OUT（输出）	A0（模拟输入口）
2	VCC（电源）	VCC
3	GND（地）	GND

任务实施

一、绘制流程图

感温风扇温度测量工作流程如图 4-11 所示。

二、编写液晶显示感温风扇测温程序

液晶显示感温风扇测温程序如图 4-12 所示。

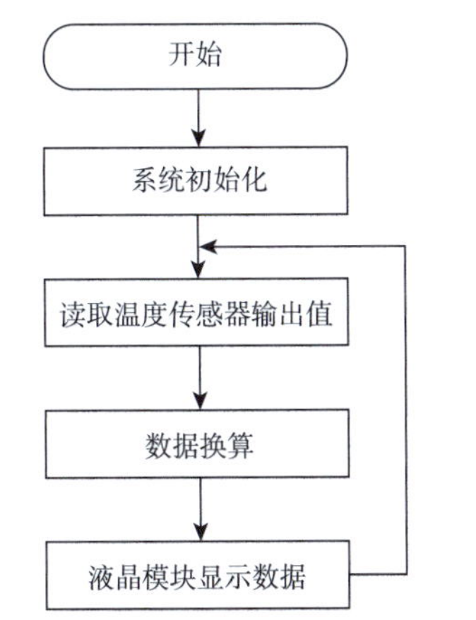

图4-11　感温风扇温度测量工作流程

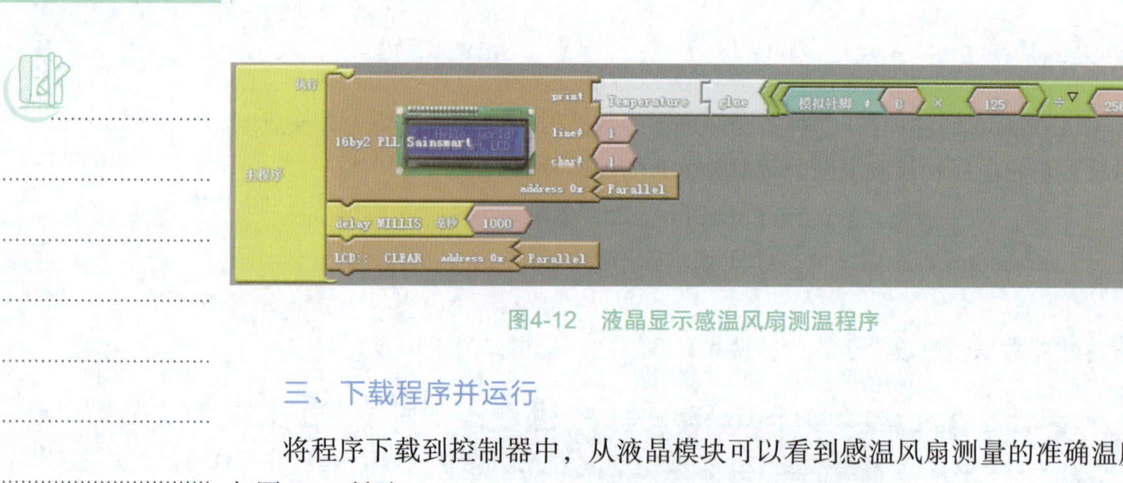

图4-12　液晶显示感温风扇测温程序

三、下载程序并运行

将程序下载到控制器中，从液晶模块可以看到感温风扇测量的准确温度，如图 4-13 所示。

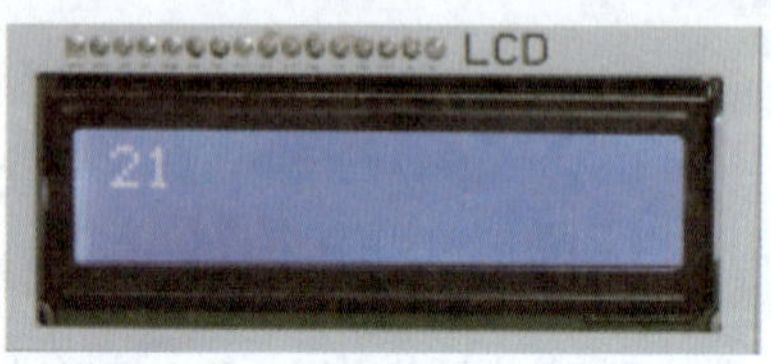

图4-13　液晶模块感温风扇测温

安全提示：在使用液晶模块时，数据刷新频率非常快，所以仍然需要添加延时函数和清屏函数。选择每一秒刷新一次数据。

问题探究

1. 除了由液晶显示实时温度外，还可以通过哪种方式显示？试着用串口监视器或手机蓝牙来进行试验。

2. 试着让风扇在一定温度范围内转起来。

任务三　智能风扇的控制

任务描述

能够合理地选择电机，明确子程序设置步骤，能够区分全局变量与局部变量。利用图形化编程软件编写按键、蓝牙、温度三种方式控制风扇调速程序。

学习目标

① 能够熟练查阅创新课程平台的资料说明书。

② 能够熟练使用电机、按键模块、蓝牙模块。

视频

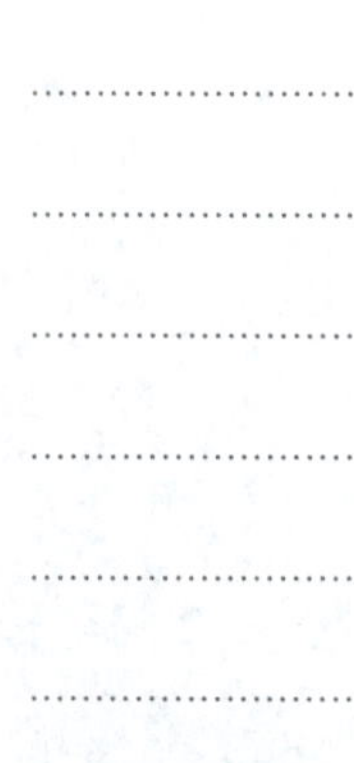

智能风扇（上）

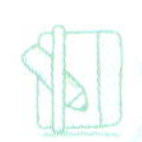

③ 能够熟练应用温度模块测温。

④ 能够设置按键、蓝牙、温度调速三种工作模式。

⑤ 能够编写子程序、设置全局变量。

⑥ 培养具备发现问题、分析问题、解决问题的能力。

视 频

智能风扇（下）

相关知识

一、控制形式

风扇控制形式有手动控制、无线控制和自动控制。

① 手动控制：人工、机械的控制方式按下按键或旋动旋钮等来实现。

② 无线控制：远程遥控控制，通过独立遥控器或者手机软件来实现。

③ 自动控制：根据外界环境自动调节。使用温度感知元器件——温度传感器感知外界温度，发送信号给控制器，经过处理后控制器发送指令给风扇，控制风扇的转动或停止。

二、子程序

在一个加工程序中，如果其中有些加工内容完全相同或相似，为了简化程序，可以把这些重复的程序段单独列出，并按一定的格式编写成子程序。主程序在执行过程中如果需要某一子程序，可通过调用指令调用该子程序，子程序执行完后又返回到主程序，继续执行后面的程序段。

三、变量

① 全局变量：若在程序开头的声明区或者在没有大括号限制的声明区，所声明的变量作用域为整个程序。即整个程序都可以使用这个变量代表的值或范围，不局限于某个括号范围内。

② 局部变量：若在大括号内的声明区所声明的变量，其作用域将局限于大括号内。若在主程序与各函数中都声明了相同名称的变量，当离开主程序或函数时，该局部变量将自动消失。

任务实施

一、设置子程序

1. 按键控制风扇调速子程序

引用按键控制风扇调速程序为子程序 key，如图 4-14 所示。

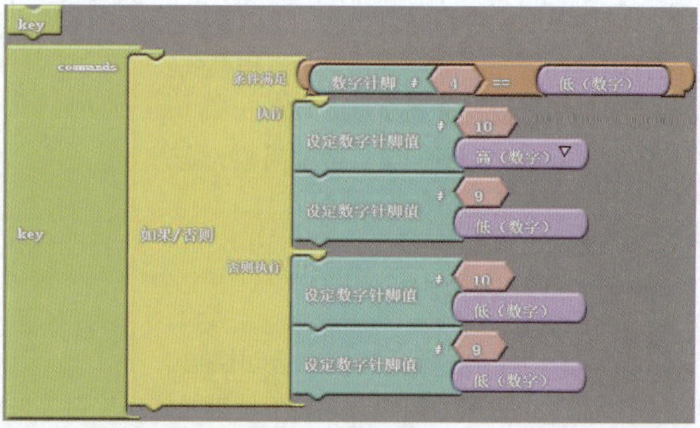

图4-14　子程序key

2. 蓝牙控制风扇调速子程序

选择通过发送 h、l 和 s 时分别对应高速（模拟量 220）、中速（模拟量 120）和停止。引用蓝牙控制风扇调速程序为子程序 bluetooth，如图 4-15 所示。

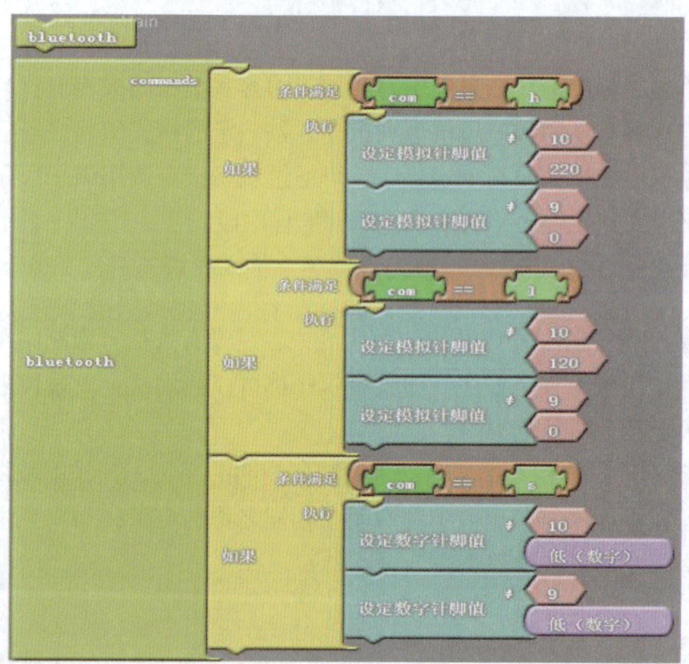

图4-15　子程序bluetooth

3. 温度控制风扇调速子程序

选择 20℃和 30℃作为阈值，温度＜ 20℃时停止，20℃≤温度≤ 30℃时中速，当温度＞ 30℃时高速。引用温度控制风扇调速程序为子程序 temperature，如图 4-16 所示。

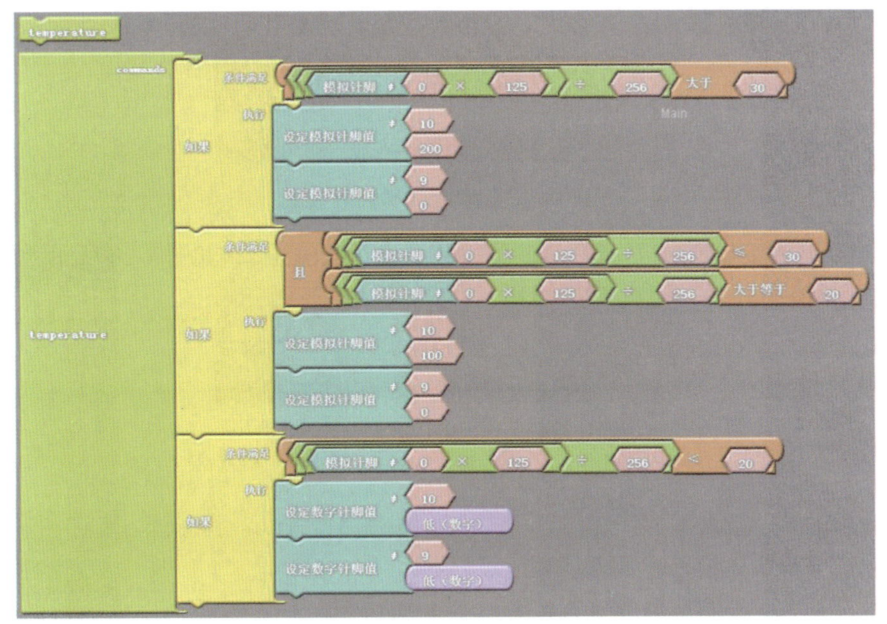

图4-16 子程序temperature

二、设置全局变量

设置新变量 state 的数值对应三种模式，这样即使没有接收到模式切换指令，主程序也会按照上一次的数值运行程序。

① 选择整型变量函数，修改变量名为 state，如图 4-17 所示。state 的数值 0、1、2 对应按键控制“a”、蓝牙控制“b”、温度控制“c”三种模式。

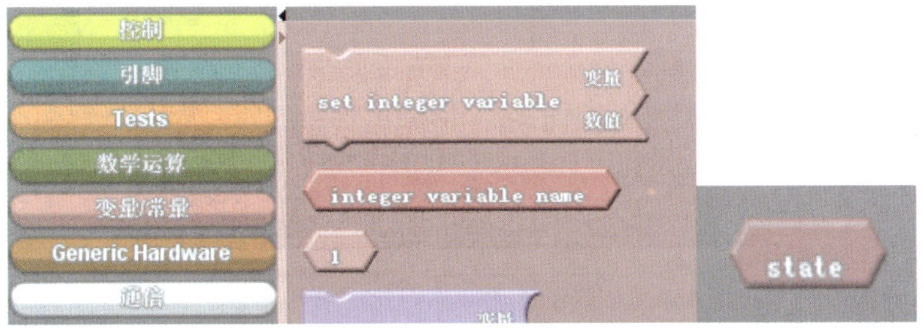

图4-17 整数型变量

② 设置接收到“a”指令时，为整数型变量赋值为 0，如图 4-18 所示。

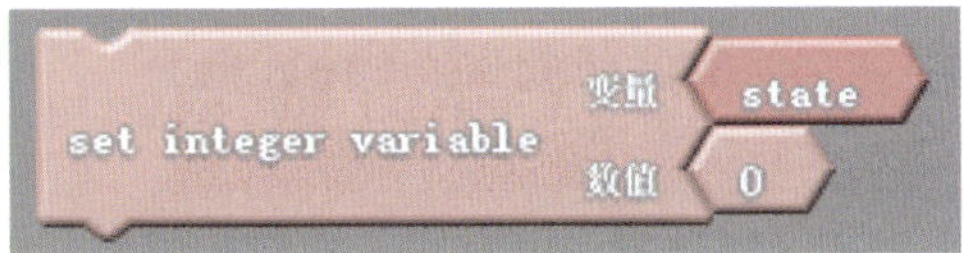

图4-18 为state赋值0

③ 设置接收到“b”指令时，为整数型变量赋值为 1，如图 4-19 所示。

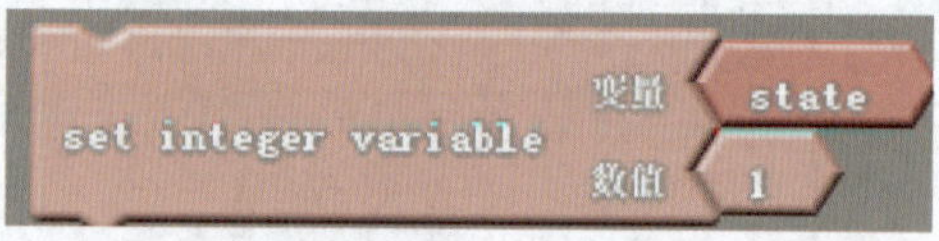

图4-19 为state赋值1

④ 设置接收到“c”指令时，为整数型变量赋值为 2，如图 4-20 所示。

图4-20 为state赋值2

三、三种模式控制风扇调速程序

1. 三种模式控制风扇调速程序流程图

三种方式控制风扇调速流程图如图 4-21 所示。

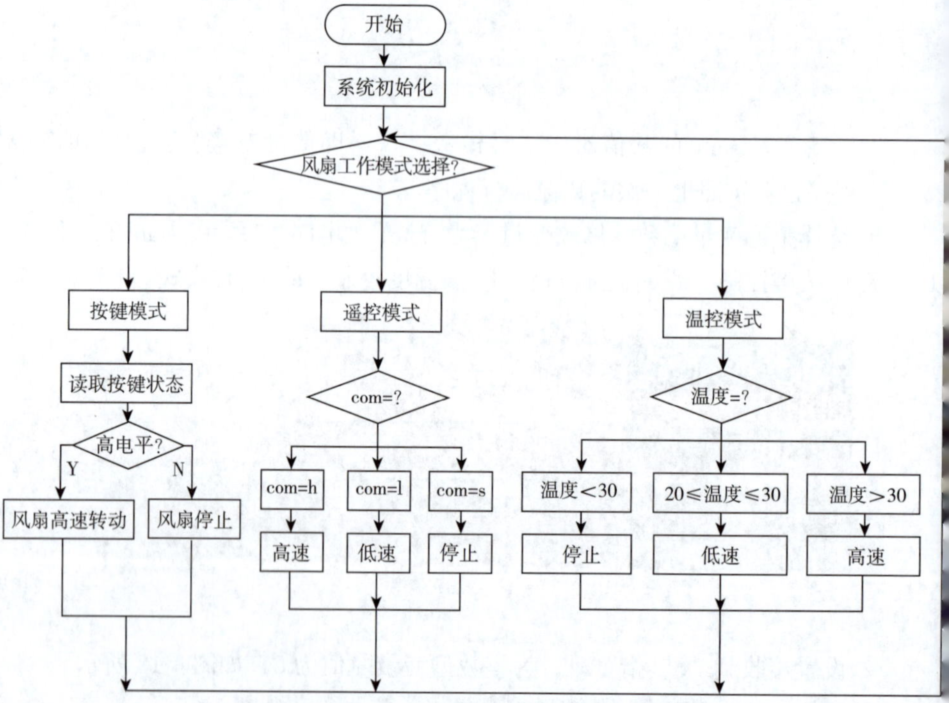

图4-21 风扇工作流程图

2. 编写三种模式控制风扇调速程序

三种模式控制风扇调速程序如图 4-22 所示。

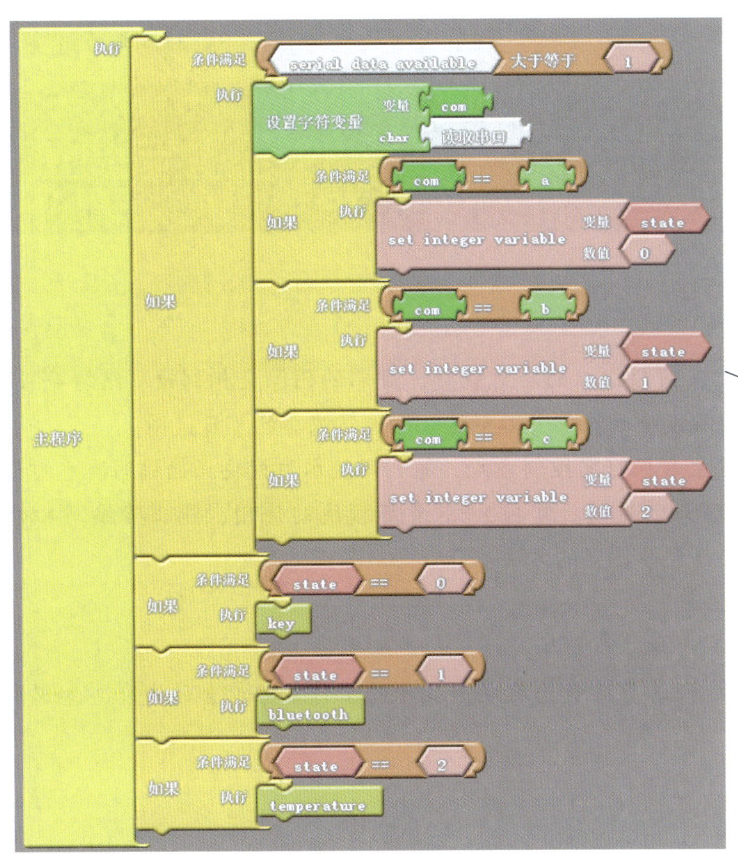

图4-22　三种模式控制风扇调速程序

四、下载三种模式控制风扇调速程序并运行

将程序成功下载到迷宫机器人后，当手机蓝牙发送a、b、c时，分别进入按键控制模式、蓝牙控制模式、温度控制模式。

问题探究

有无其他方法可以实现三种控制模式的切换？

项目五 绚丽灯光系统的搭建与调试

项目引入

每当节日来临，商超门口的彩灯装饰、炫彩的图像交相辉映、缤纷夺目，多元素的美感极大程度地让人们身心舒适，营造了浓厚的节日氛围。

本项目要求学生掌握时间控制方式，能利用流水灯模块正确编写流水灯程序，实现六盏 LED 灯的流动。掌握 8×8 点阵模块的使用，能正确编写 8×8 点阵模块静态和动态显示图案的方法。

知识图谱

流水灯控制及 8×8 点阵静态及动态显示的工作任务包含的内容，知识图谱如下：

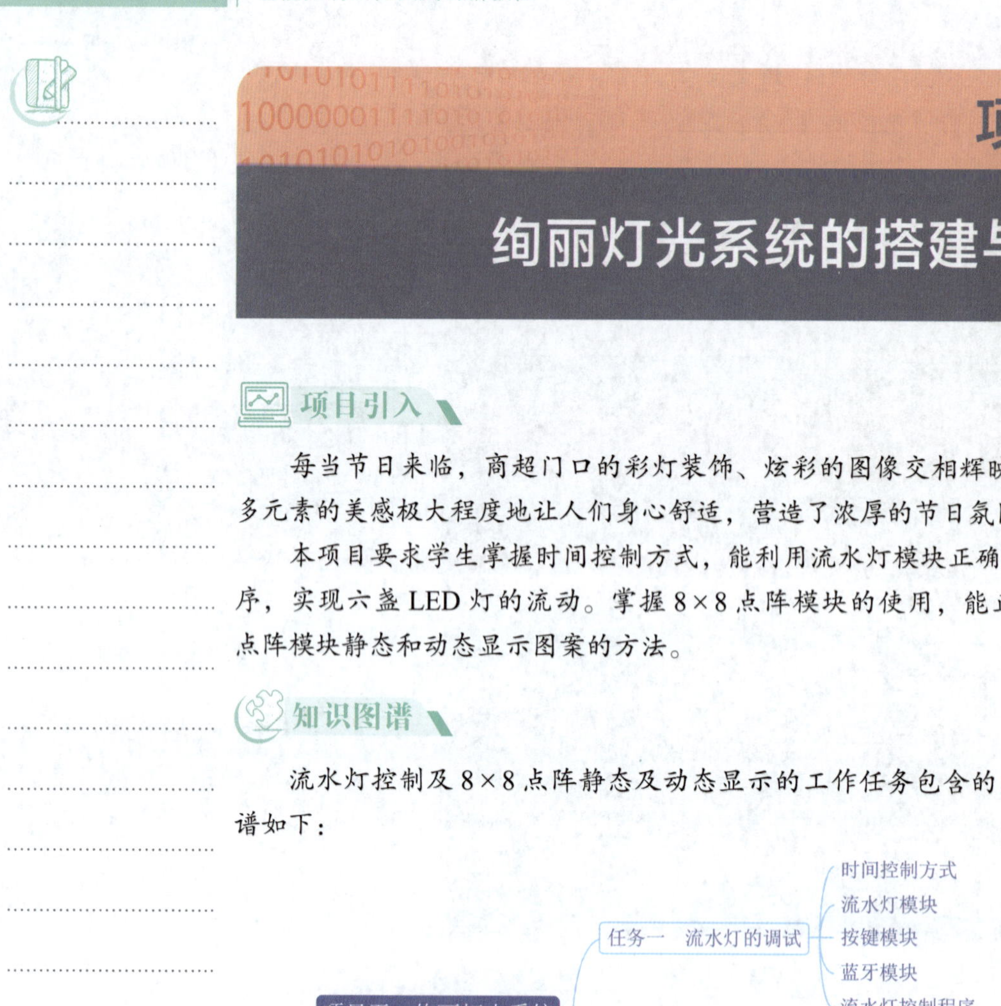

任务一　流水灯的调试

任务描述

通过对定制器指令的学习，清楚如何在程序中实现时间控制，并利用流水灯模块、按键模块及蓝牙模块实现六盏 LED 依次亮灭，并不断循环，形成流水灯控制效果。

学习目标

① 查阅资料了解流水灯模块的引脚与控制器模块的对应关系。

② 查阅资料了解蓝牙模块的结构。

③ 能够熟练使用图形化编程软件。

④ 清楚流水灯模块的结构及原理。

⑤ 能够利用定时器指令编程流水灯程序。

⑥ 培养发现问题、分析问题、解决问题的能力。

视频

流水灯控制

相关知识

一、时间控制方式

在程序编程当中，常用的时间控制方式有两种：delay 和定时中断。图 5-1 所示为 delay 的控制方式，图 5-2 所示为中断定时方式。

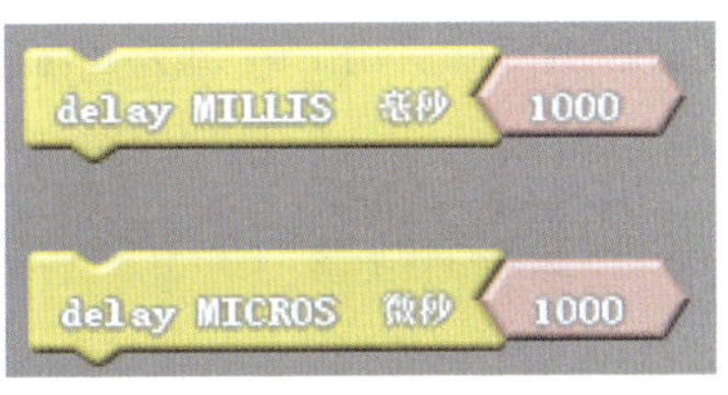

图5-1　delay图形

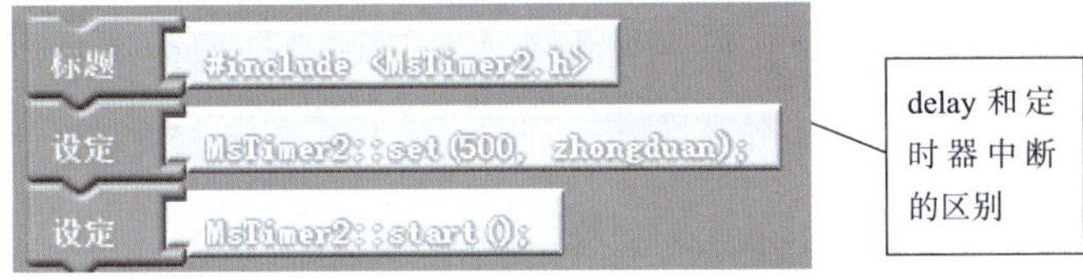

图5-2　定时器中断MsTimer2

delay 和定时器中断的区别

① delay：保持当前的输出状态不变，控制器不进行其他操作，直到 delay 时间结束再进入下一个操作。

② 定时中断：在时间未到时，不影响控制器的其他工作，时间到达后再进入下一个操作。

结合实际案例举例说明：小明 7 点接到电话，在 10 点时有一个快递会被送到家中。

delay 模式下，小明会在家门口从 7 点一直等到 10 点，直到签收快递后才会吃早饭、看电视等。

而定时中断模式下，小明会请妈妈提醒自己在 10 点时签收快递，自己继续吃早饭、看电视，直到 10 点时妈妈提醒自己，才会去家门口签收快递。

经过对比很容易发现，delay 占用控制器资源，造成浪费；定时中断需要使用额外的定时器进行工作，对硬件有一定的要求。

在实验平台内部自带定时器，可以完成定时中断功能。

本任务就通过 delay 和定时中断函数说明两种时间控制的区别。

二、流水灯模块

本任务使用的流水灯模块如图 5-3 所示。

流水灯模块上共有六个发光二极管，可以看作六个单色 LED 模块，每个 LED 均对应一个单独的 IO 接口。它可以单个 LED 使用，也可以实现六个 LED 的依次亮灭组合使用。通信模块的数据通信引脚和控制模块的对应关系见表 5-1。

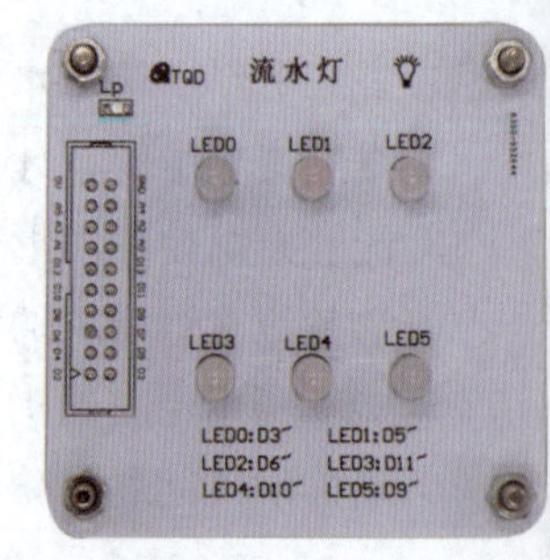

图5-3 流水灯模块

表5-1 通信模块的数据通信引脚和控制模块的对应关系

序号	流水灯模块数据通信引脚及功能	控制器模块引脚及功能
1	VCC（电源）	VCC
2	GND（地）	GND
3	IN（输入）	D3（数字接口）
4	IN（输入）	D5（数字接口）
5	IN（输入）	D6（数字接口）
6	IN（输入）	D9（数字接口）
7	IN（输入）	D10（数字接口）
8	IN（输入）	D11（数字接口）

三、按键模块

本任务使用的按键模块如图 5-4 所示。

可以看到按键模块上面有一个大的按钮，只有当按下按键时电路才会导通。

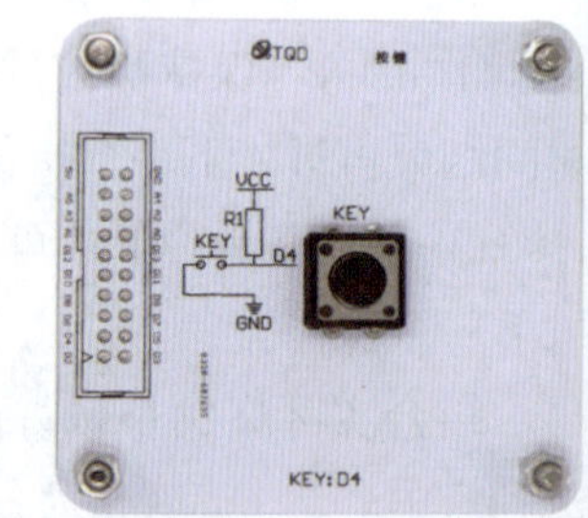

图5-4 按键模块

按键模块不同于 LED 模块，对于核心板来说，LED 需要输入信号来控制它的亮灭，所以 LED 属于执行器；简单地说就是执行控制器发送来的命令。而按键模块，则会向控制器输出一个信号来控制核心控制器的接通或断开，按键模块属于传感器，感知开关是否被按下。

注意：按键模块在没有按下时，输出高电平；按下时，输出低电平。不同按键模块的设置不同，使用之前要阅读说明，或者测试一下。

按键模块数据通信引脚和控制模块引脚见表 5-2。

表5-2 按键模块引脚

序 号	按键模块数据通信引脚	引脚功能	控制器模块引脚
1	VCC	电源	VCC
2	GND	地	GND
3	OUT	输出	D4（数字接口）

任务实施

本任务的整体流程：制作一个流水灯，从第一个 LED 开始，LED 依次亮灭，直至最后一个 LED。在不影响 LED 流动效果的情况下，蓝牙模块每隔 2 s 发送一次数据。

LED 的“流动”和蓝牙模块间隔 2 s 发送数据是两个并行的过程，必须互不干扰。

一、绘制流水灯工作流程

流水灯工作流程如图 5-5 所示。

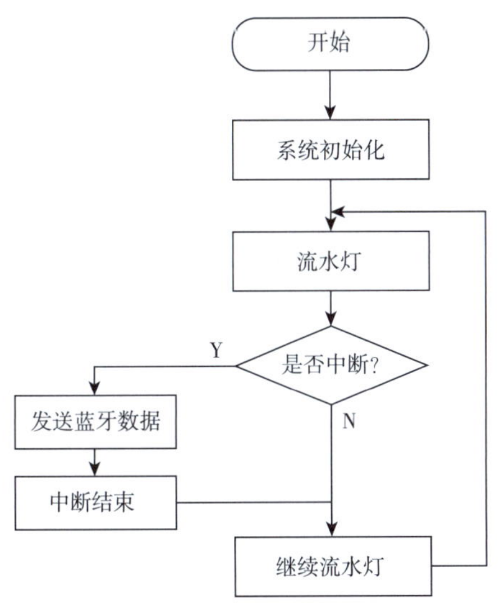

图5-5 流水灯工作流程

二、编写流水灯控制程序

1. 流水灯编程

在智能灯光部分，完成了使 LED 闪烁方法的学习。但由于人眼的视觉暂留特性，同时给引脚输出高电平和低电平时，观察不到 LED 闪烁，必须为高电平和低电平分别加上合适的 delay 时间，让高电平和低电平的状态持续一小段时间，才能观测到闪烁的效果。

流水灯就是让模块上的六盏 LED 依次亮灭并循环，循环过程如图 5-6 所示。

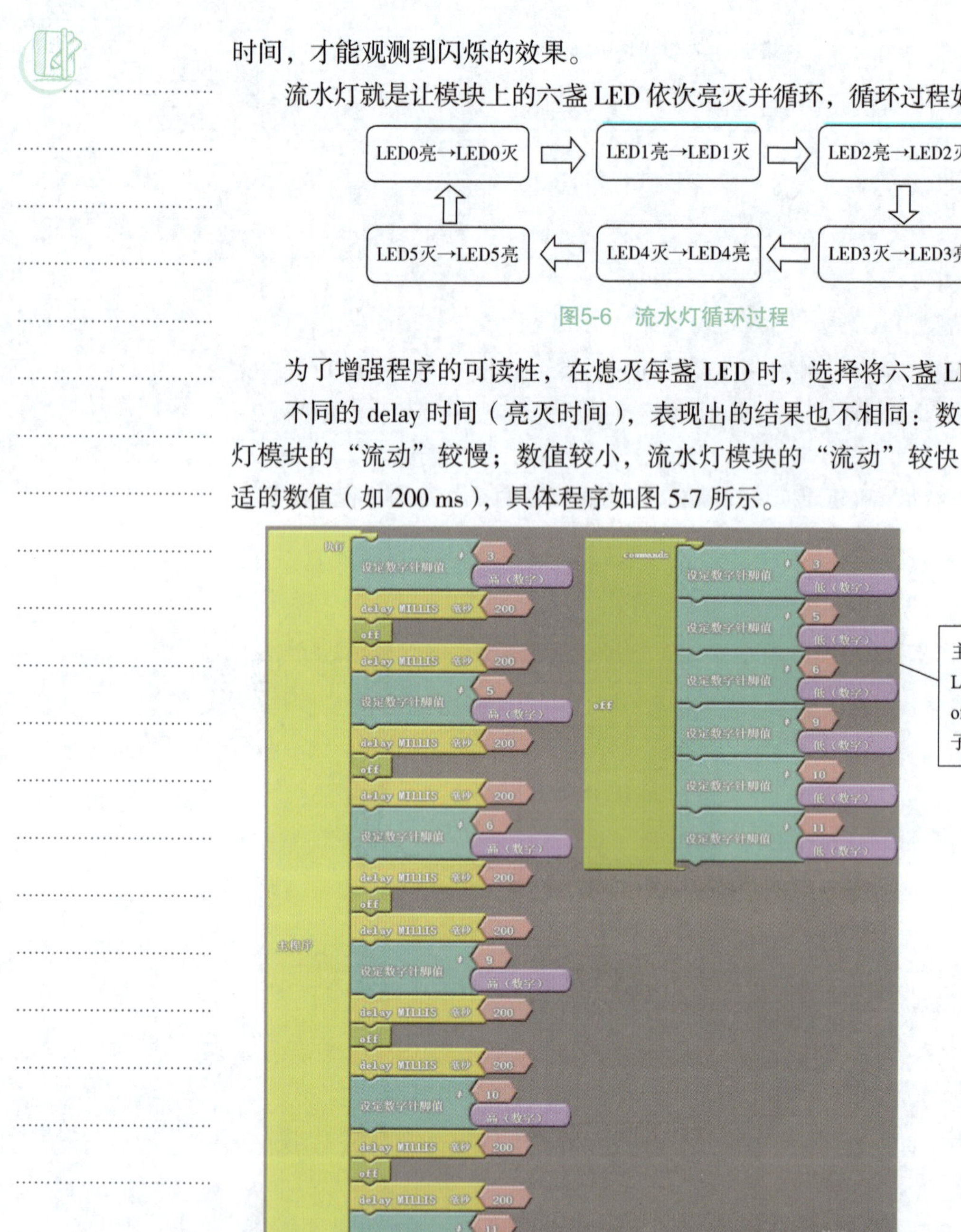

图5-6 流水灯循环过程

为了增强程序的可读性，在熄灭每盏 LED 时，选择将六盏 LED 全部熄灭。

不同的 delay 时间（亮灭时间），表现出的结果也不相同：数值较大，流水灯模块的“流动”较慢；数值较小，流水灯模块的“流动”较快。可以选择合适的数值（如 200 ms），具体程序如图 5-7 所示。

主程序：六盏 LED 依次亮灭；off：全部熄灭子程序

图5-7 流水灯程序

上传程序观察现象，也可以改变 delay 延时的大小，验证“流动”的快慢变化。

2. 蓝牙发送指令

加入蓝牙发送指令，每隔 2 s 发送一次信息，如发送 success 信息。

第一种：在主程序中采用 delay 语句延时 2 s 发送 success，如图 5-8 所示。

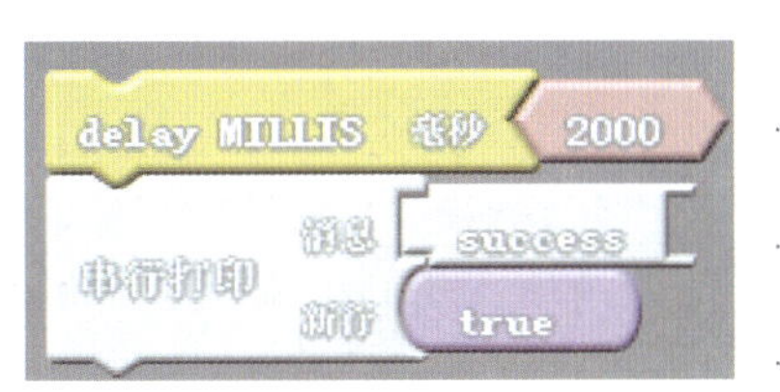

图5-8　间隔2 s发送success

不论图 5-9 添加在主程序的任何位置，LED“流动”的连贯性都将被打破。不同“流速”的 LED 对蓝牙信息发送的间隔也是有影响的。读者可以在不同的位置尝试一下。

第二种：采用定时器触发 success。

Arduino 控制模块内部自带定时器中断，独立计时，主程序中的 delay 延时不会造成影响。

如图 5-6 流程图所示，主程序运行流水灯程序；定时器独立计时，每隔 2 s，触发一次蓝牙发送程序。

在使用定时器时需要调用库文件 MsTimer2.h，即 #include <MsTimer2.h>

定时器的使用方法：

① MsTimer2::set(unsigned long ms, void (*f)()): 用于设置定时器触发的时间间隔和触发的子函数名。例如，MsTimer2::set(2000, interrupt)，每隔 2 s 执行一次 interrupt 子程序。

② MsTimer2::start(): 启动定时器。

③ MsTimer2::stop(): 停止定时器。

以上代码需要使用“代码模块”栏中的图形完成添加，如图 5-9 所示。

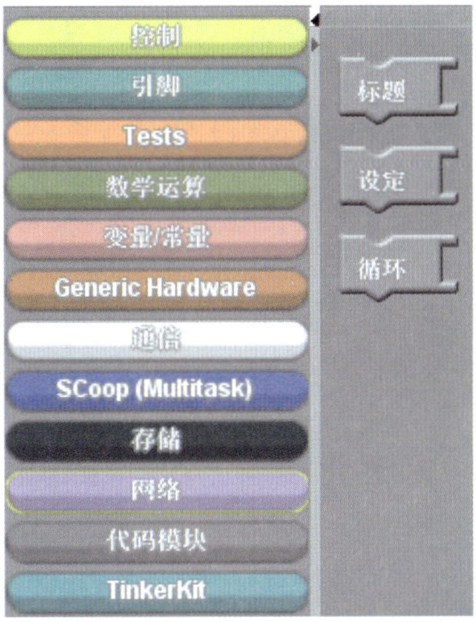

图5-9　代码模块

代码模块共有三种功能；标题、设定、循环，可以用来实现用户自定义的一些设置。具体实现方法如图 5-10 所示。

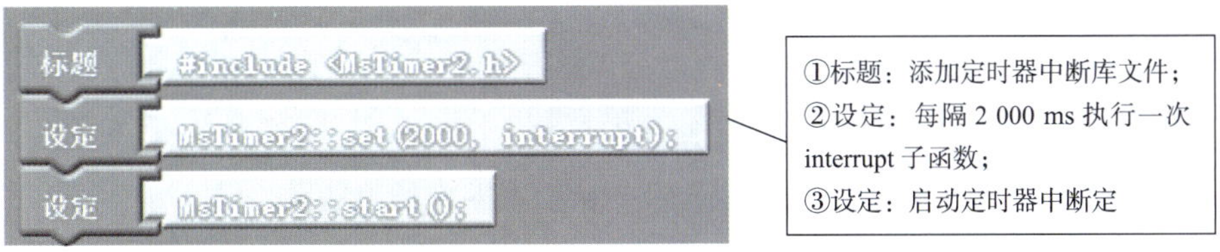

①标题：添加定时器中断库文件；
②设定：每隔 2 000 ms 执行一次 interrupt 子函数；
③设定：启动定时器中断定

图5-10　定时器中断自定义设定

“标题”图形用于设置头文件，“设定”图形用于初始化设备或参数状态，“循环”图形可以放置在 loop 中循环直行一些程序。

由于需要添加头文件及设定定时器中断，所以主程序模块要更换为 program 图形。具体实现方法如图 5-11 所示。

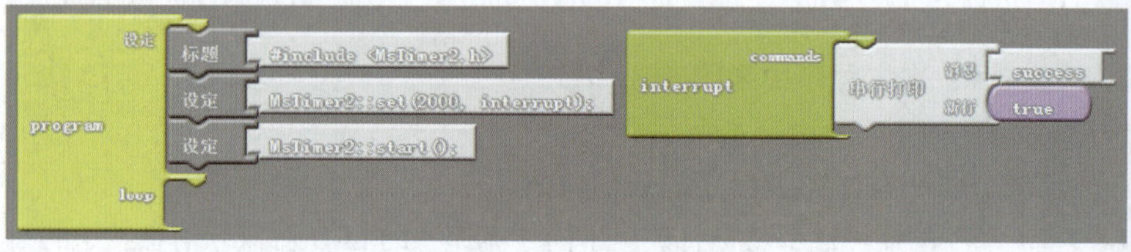

图5-11　定时器中断设定

将流水灯程序添加到 loop 中，上传程序，观察现象。

实验后发现，蓝牙信息的发送和流水灯效果互不影响。

3. 编程注意事项

① 蓝牙开关的使用：上传程序时按下白色按钮；连接手机蓝牙时弹起白色按钮。

② 在输入头文件时一定不要加分号“；”，定时器中断语句末尾一定要加分号“；”。

问题探究

1. 如何改变流水灯亮灭的时间？

2. 尝试将流水灯做成会呼吸的流水灯。（LED 先由暗变亮再变暗，然后再流动）提示：对每个 LED 进行 PWM 调节改变其平均电压。

矩阵灯控制（上）

任务二　矩阵灯的调试

任务描述

通过对 8×8 点阵模块的学习，清楚如何利用点阵模块显示多种静态或动态的图案。本任务要求学生利用点阵模块显示滚动箭头，形成矩阵灯控制。

矩阵灯控制（下）

学习目标

① 查阅资料了解点阵模块的结构及功能。

② 查阅资料了解点阵模块显示静态和动态图案的方法。

③ 能够熟练使用图形化编程软件。

④ 清楚矩阵灯模块的结构及显示图案的原理。

⑤ 能够正确编写矩阵灯模块静态显示程序。

⑥ 能够正确编写矩阵灯模块动态显示程序。

相关知识

8×8点阵模块

本任务所用的模块如图 5-12 所示。

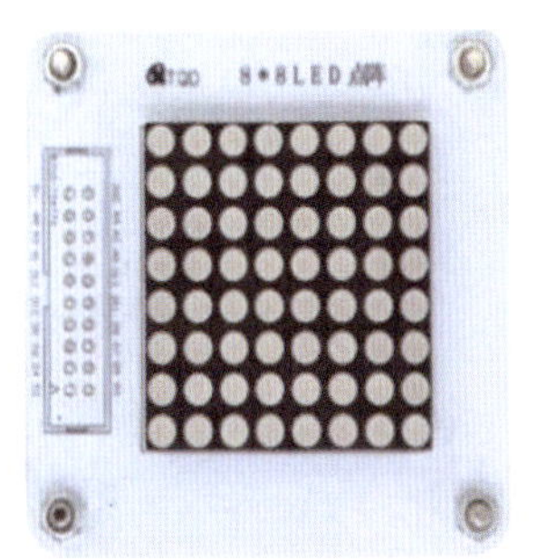
图5-12　点阵模块

TQD8×8LED 点阵模块采用 1588BS 显示，共阳极设计，高亮红色显示；由 8×8 共 64 个 LED 小灯组成。

按照传统的 LED 控制方法，整个 8×8 点阵需要 64 个 IO 口。为了节省端口资源，可以对点阵模块进行特殊设置，每行、每列均共用引脚 IO，这样每个 LED 均对应不同的行和列，共计 16 个引脚即可实现数据的显示。

当行引脚是低电平、列引脚是高电平时，对应 LED 才会点亮。

点阵模块数据通信引脚和控制器模块的对应关系如图 5-13 所示。

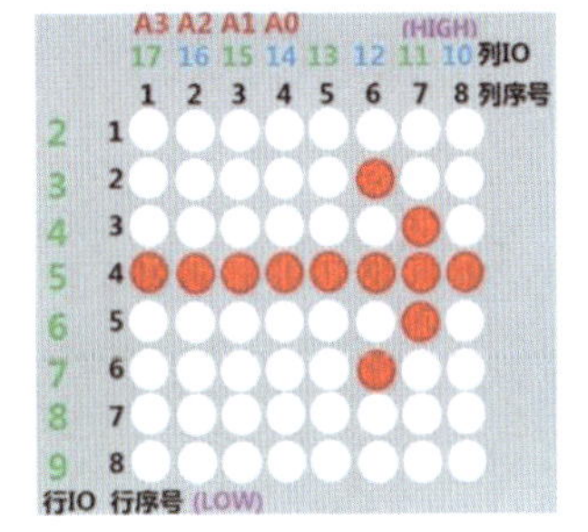

图5-13　点阵模块数据通信引脚图

其中模拟端口 A0 ~ A3 可以直接作为数字的 D14 ~ D17 使用。

任务实施

本任务的整体流程：点阵模块的行和列共用 IO，逐行扫描只需要考虑第 2、3、4、5、6 共计五行的数据；而逐列扫描则需要扫描全部八列的数据，这里选择逐行扫描进行实验。

首先完成箭头静态显示（共七种），然后按照顺序排列即可实现箭头的滚动，如图 5-14 所示。

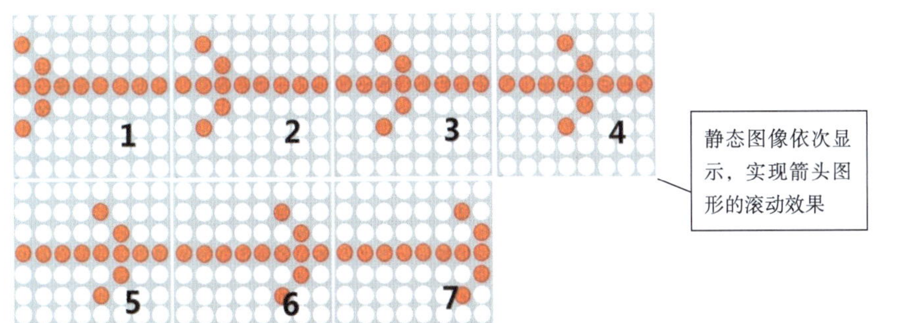

图5-14　箭头滚动

一、绘制任务流程

本任务的静态显示和动态显示流程如图 5-15 所示。

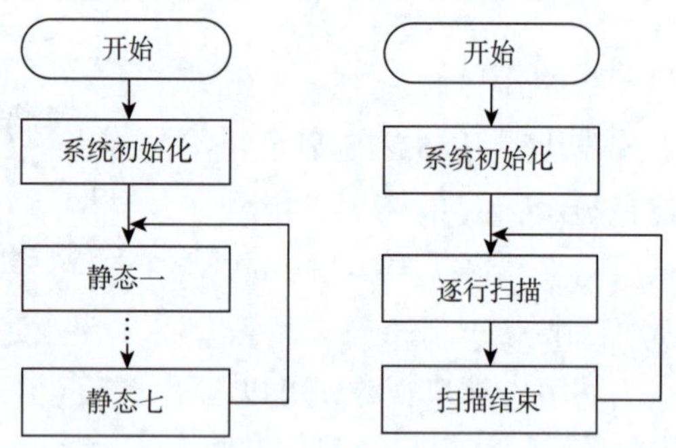

图5-15　静态显示和动态显示流程

二、图形化编程

1. 点亮单个灯

例如第四行（引脚 5）第一列（引脚 17），如图 5-16 所示。

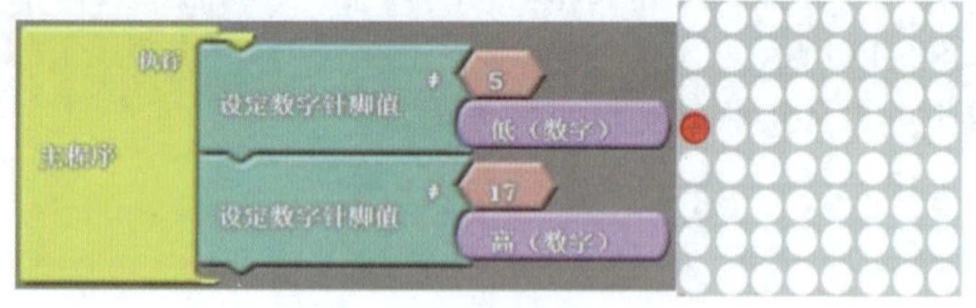

图5-16　点亮单个小灯

2. 点亮一行小灯

例如点亮第四行（引脚 5）所有的 LED 小灯，如图 5-17 所示。

3. 点亮一列小灯

点亮第二列（引脚 16）所有的 LED 灯，如图 5-18 所示。

4. 点阵模块复位

在扫描的不同阶段，需要点亮不同的 LED，为了避免图形的干扰，在交替之前需要对 LED 复位一次。（类似液晶的 clean 清屏）

将 64 个小灯全部复位设置，采用电平反向设置的方法，即将所有的行设置为高电平、列设置为低电平。图 5-19 所示为点阵复位的程序。

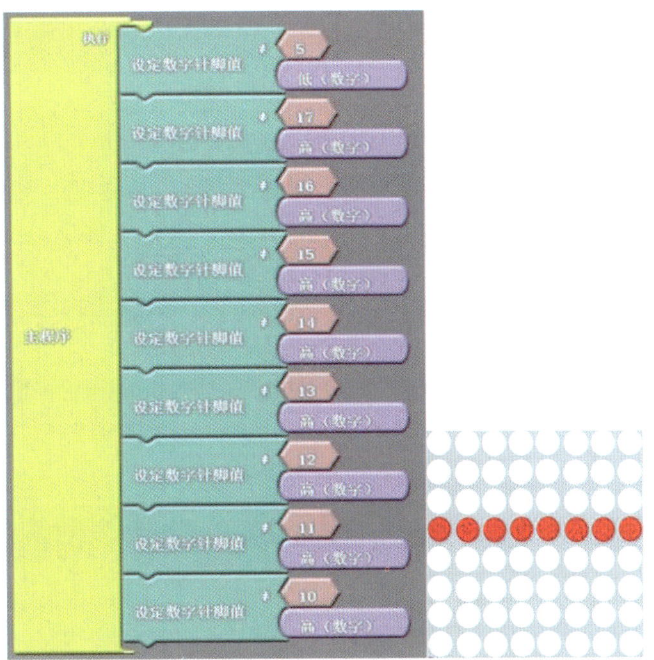

图5-17　点亮一行小灯

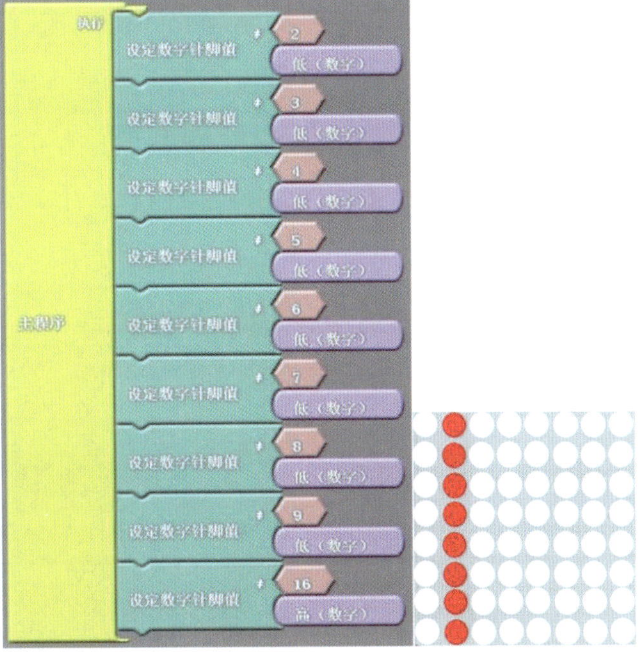

图5-18　点亮一列小灯

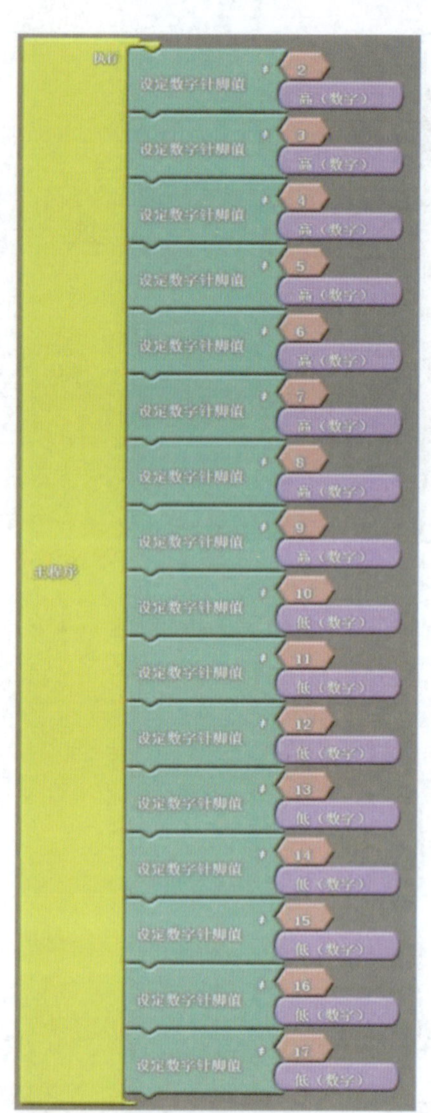

图5-19　点阵复位的程序

5. 箭头静态

首先点亮图中的第一个静态箭头。

第一行：点亮第一个 LED，如图 5-20 所示。

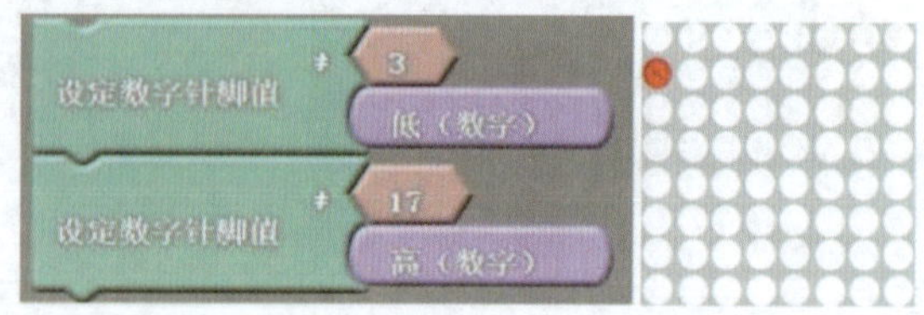

图5-20　点亮第二行第一个LED

第二行：点亮第二个 LED，如图 5-21 所示。

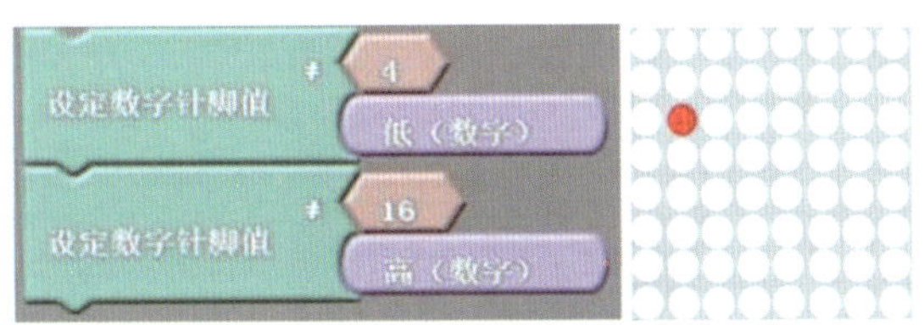

图5-21　点亮第三行第二个LED

第四行：点亮一整行，如图 5-17 中所述。

第五行：点亮第二个 LED，如图 5-22 所示。

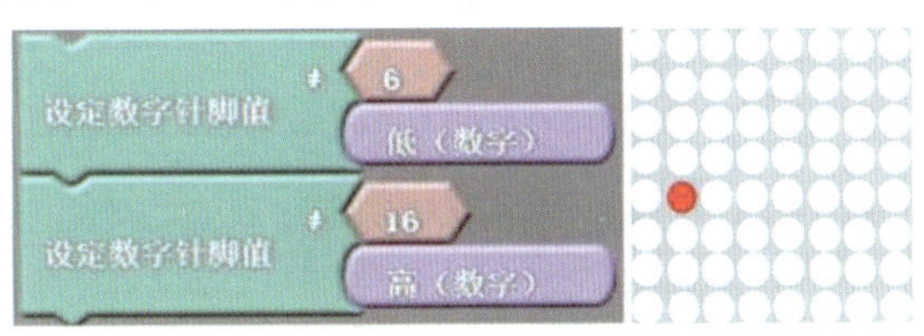

图5-22　点亮第五行第二个LED

第六行：点亮第一个 LED，如图 5-23 所示。

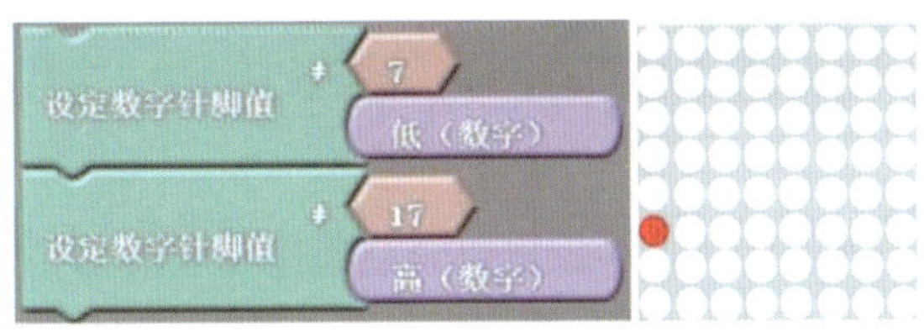

图5-23　点亮第六行第一个LED

在逐行扫描之间一定要添加复位，否则点阵将亮成一片，如图 5-24 所示。

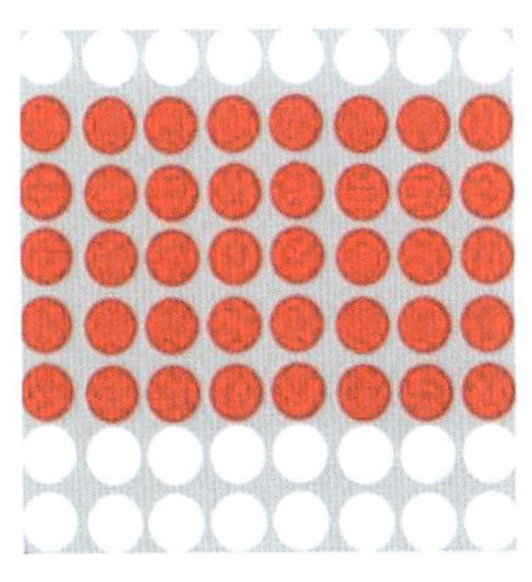

图5-24　未添加复位效果

将复位命名为子程序 reset，第四行命名为子程序 middle，那么第一张静态箭头程序如图 5-25 所示。

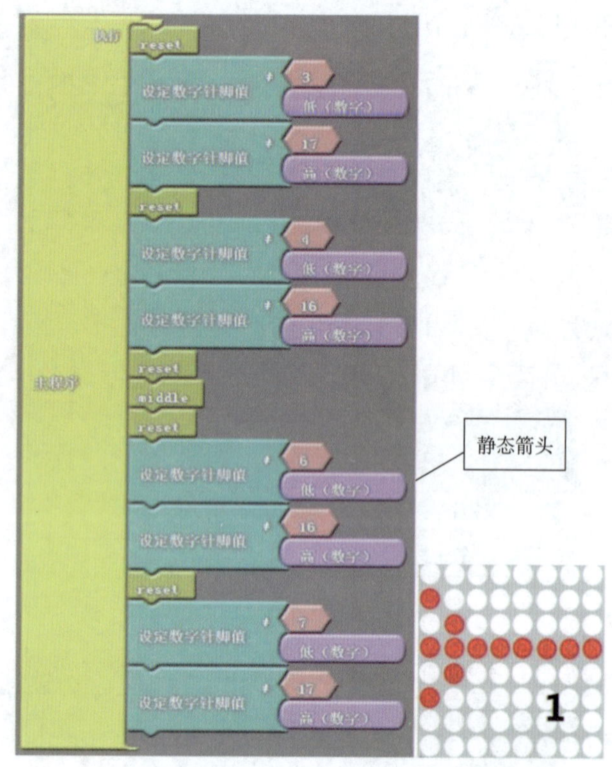

图5-25　静态箭头

对于其他六个静态箭头，大家可以自己通过修改第 2、3、5、6 行的四个 LED 尝试一下。（提示：四个 LED 的行数不变，列数右移一位）

6. 箭头滚动

完成上述七张静态箭头后，接下来就可以尝试让箭头滚动起来。将七张静态箭头的程序分别命名为子函数 one，two，three，…，seven。

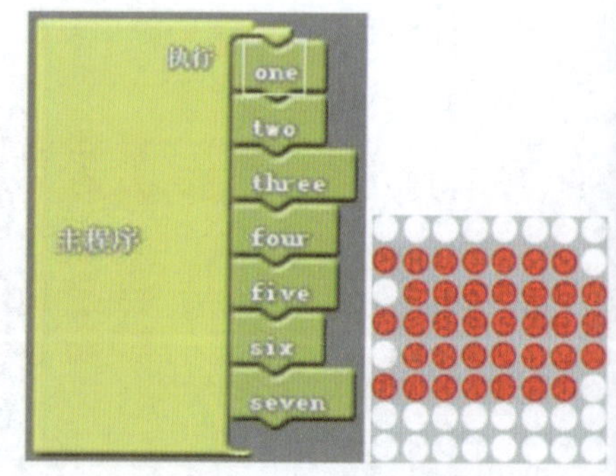

图5-26　静态箭头直接组合

① 如果直接将子函数 one，two，three，…，seven 添加到主程序当中，会出现什么现象？由实际现象可以看到，LED 又亮成了一片，并没有显示出动态效果，如图 5-26 所示。

这是什么原因造成的？由于程序运行速度非常快，达到了毫秒甚至微秒级，人的肉眼分辨不出 one，two，three，…，seven 七张静态箭头的交替运行。由于人眼的视觉暂留，眼睛将这七个静态箭头叠加到一起，就像单个静态箭头

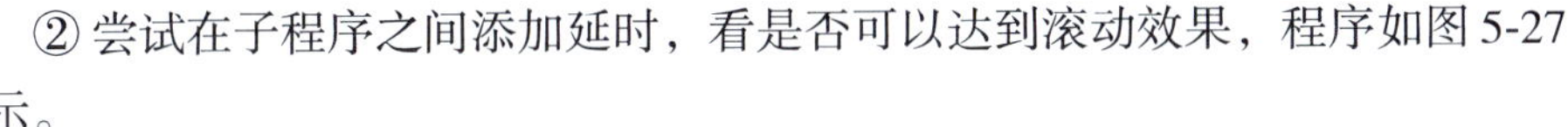

是由五个单行扫描图叠加而成的一样。

② 尝试在子程序之间添加延时，看是否可以达到滚动效果，程序如图 5-27 所示。

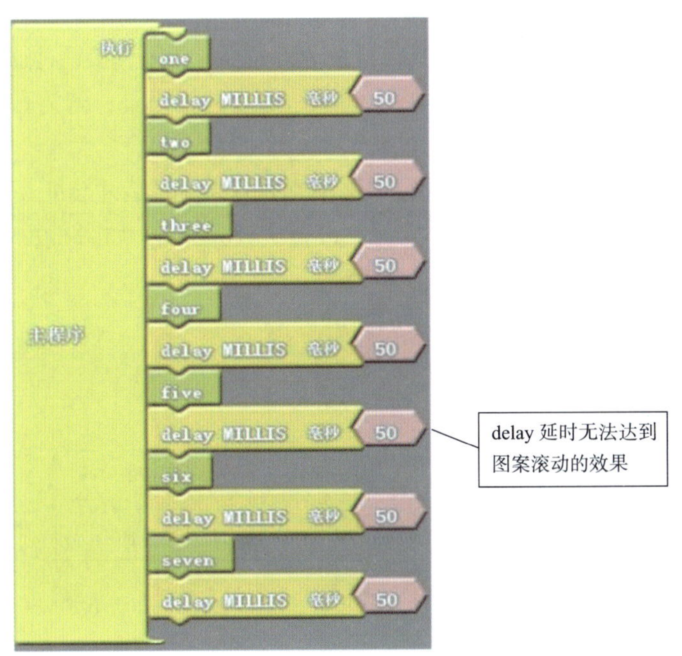

图5-27　在程序之间添加延时（50 ms延时）

选择延时 50 ms，这样每秒可以传递 20 张图片，满足人眼对连续图像的要求（12 张以上）。上传程序观察现象，只能看到箭头在第六行的一个 LED 在滚动，箭头其他部位的 LED 亮度非常低，几乎观察不到。

这又是什么原因？在流水灯控制任务中提到过，delay 函数保持控制器当前的输出状态不变，不进行其他操作，直到 delay 时间结束再进入下一个操作。由于 one，two，…，seven 子函数最后一部分都是第六行 LED 的扫描，箭头其他部位的 LED 在 50 ms 的时间内的占空比非常低，亮度几乎不可察，所以图 5-28 的程序运行结果就像是第六行 LED 的滚动，因此需要尝试其他方法解决这一问题。

③ 最初添加 delay 的目的是将七个静态箭头区分开，是否通过分别多次运行 one，two，…，seven 来实现？One，two，…，seven 单次运行很快，在毫秒甚至微秒级别，那么每张静态图重复运行 100 次、200 次后再显示下一张图，这样是否就可以肉眼可查了？

在“控制”栏中共有三种循环图形，如图 5-28 所示。

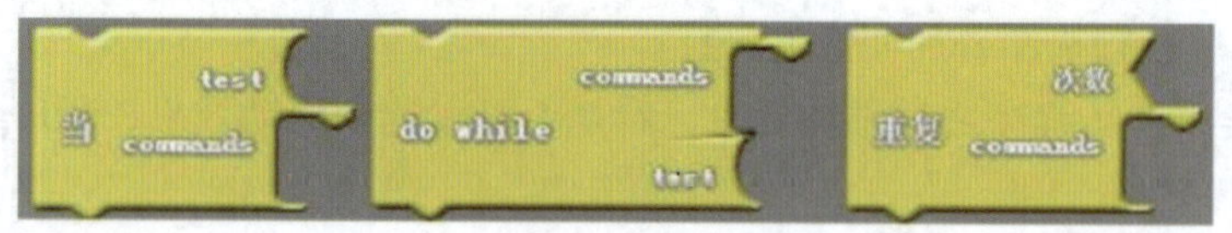

图5-28 循环图形

第一种是先检查 test 是否为真，再去运行循环，否则直接跳过这一段程序。

第二种是先运行一次这段程序，再验证 test 是否为真，若为真则循环，否则进入下一段程序。

第三种是无条件循环，强制循环提前设置的次数，然后才会进入下一段程序。

这里使用第三种无条件循环即可，设置次数为 200，如图 5-29 所示。

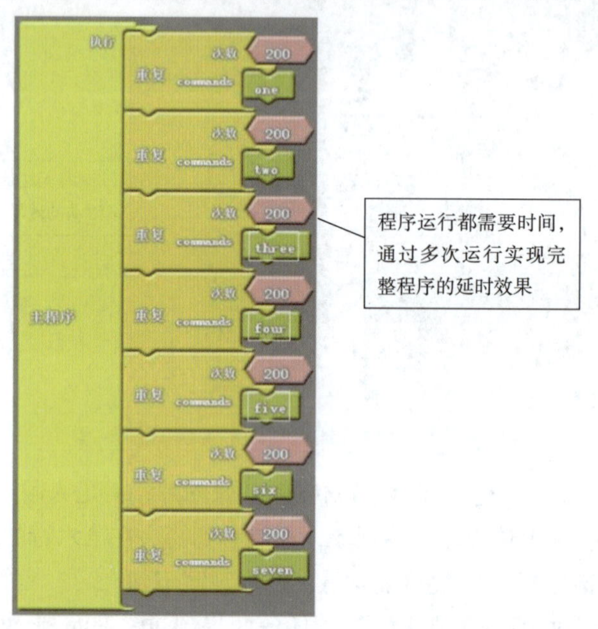

图5-29 逐个循环运行的箭头程序

上传程序观察结果，可以看到箭头滚动起来。大家可以尝试修改循环次数改变滚动的速度。

注意：箭头动态显示时，使用了人眼的视觉暂留特性。循环次数的大小决定了滚动的连贯性，可以多次尝试，直到找到一个合适的数值（以肉眼观察无闪烁为宜）。

问题探究

1. 是否可以用定时中断的方式显现箭头的滚动？
2. 尝试用 8×8 点阵模块显示心形图案。

第三篇 竞赛挑战篇：开启创新平台机器人竞赛之旅

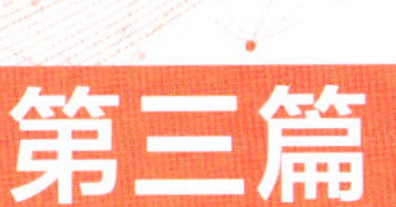

教学目标	知识目标	① 能够归纳迷宫机器人的组成； ② 能够概述迷宫机器人驱动电机的特点； ③ 能够辨认L298N驱动电路各接口的功能； ④ 能够陈述迷宫机器人传感器的工作原理； ⑤ 能够归纳迷宫机器人调整车姿的方法； ⑥ 能够总结迷宫机器人转弯的方法； ⑦ 能够解释左、右手法则的原理
	能力目标	① 能够熟练拆装迷宫机器人； ② 能够熟练调整传感器的精度； ③ 能够进行迷宫机器人车姿矫正； ④ 能够进行迷宫机器人路口检测调整； ⑤ 能够控制迷宫机器人按轨迹运行
	素质目标	① 培养严谨的工作态度； ② 培养勇于探究、勤于反思的习惯； ③ 树立乐学乐善的习惯和实践创新的意识； ④ 具有理性思维的能力和坚持不懈的探索精神； ⑤ 形成劳动意识，具有解决问题的兴趣和热情； ⑥ 具有理性思维能力，选择正确的策略和方法

续表

重　　点	① 迷宫机器人的组成； ② 迷宫机器人传感器的工作原理； ③ 迷宫机器人电机、传感器调试； ④ 编写迷宫机器人的直行、转弯和路口检测程序； ⑤ 实现迷宫机器人的迷宫搜索
难　　点	① 迷宫机器人车姿矫正； ② 迷宫机器人传感器的调试； ③ 迷宫机器人路口检测的调整； ④ 迷宫机器人迷宫搜索程序的编写
教学方法	① 线上+线下相结合的混合式教学方法； ② 理实一体化教学方法
建议学时	20学时
项　　目	项目六　走近迷宫机器人 项目七　迷宫机器人的调试与竞赛

项目六

走近迷宫机器人

项目引入

迷宫机器人也称电脑鼠或智能鼠，英文名为 Micromouse，是一种装有微型控制器的智能行走机器人。本项目要求学生归纳总结迷宫机器人的组成、各部分的功能；能够熟练调试迷宫机器人的电机、传感器，保证迷宫机器人可以在不同“迷宫”中自动记忆和选择路径；采用相应的算法，快速到达所设置的目的地。

知识图谱

围绕迷宫机器人的拆装、调试工作任务包含的内容，知识图谱如下：

- 项目六　走近迷宫机器人
  - 任务一　迷宫机器人的拆装
    - 迷宫机器人的组成
    - 迷宫机器人的拆装
  - 任务二　迷宫机器人电机的调试
    - 迷宫机器人电机的特点
    - 迷宫机器人L298N驱动电路的功能
    - 迷宫机器人电机引脚使用
    - 迷宫机器人电机调试程序
    - 迷宫机器人蓝牙控制程序
  - 任务三　迷宫机器人传感器的调试
    - 迷宫机器人传感器的特点
    - 迷宫机器人车姿校正程序
    - 迷宫机器人路口检测程序

任务一　迷宫机器人的拆装

任务描述

合理使用工具对迷宫机器人进行拆卸，准确记录迷宫机器人各部分的型号、数量等数据，利用仪表对迷宫机器人各部分进行测量。使用工具将检测没有问题的部件组装成一个完好的迷宫机器人。

学习目标

① 能够熟练查阅迷宫机器人的资料说明书。

② 能够熟练使用拆装工具。

③ 能够熟练使用测量仪表。

④ 能够归纳迷宫机器人的组成。

⑤ 能够熟练拆装迷宫机器人。

⑥ 培养严谨的工作态度。

相关知识

迷宫机器人高度集成，搭载微型控制器，具有超强的运算控制功能，可以在迷宫中自动地记忆路径、选择路径，如图 6-1 所示。

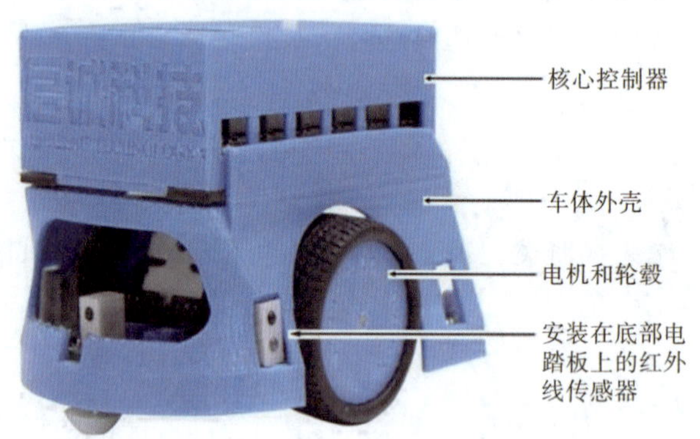

图6-1 TQD-Micromouse-JQ迷宫机器人

迷宫机器人由传感器、控制电路和执行器三部分组成。

一、传感器

迷宫机器人的传感器（见图 6-2）为光电传感器，可以检测四周障碍物的距离，并将这些采集后的数据传输给控制电路。

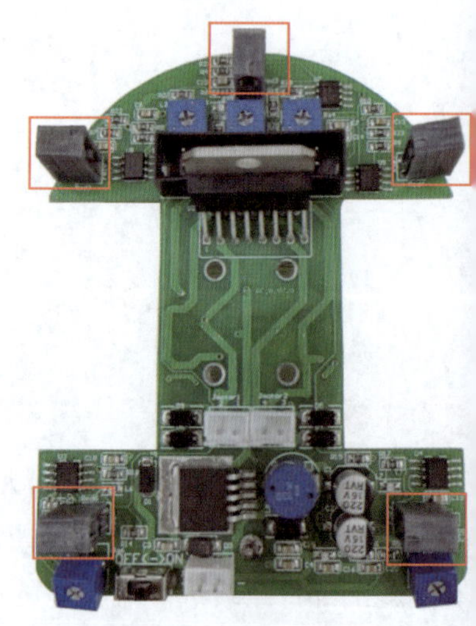

图6-2 传感器的图

二、控制电路

控制电路（见图 6-3）是迷宫机器人的核心部件，通过接收传感器和蓝牙模块传递过来的信号和预先写入的程序，给执行器发送控制信号。

图6-3　迷宫机器人控制电路布局

封装后的控制器上的一排排小窗口为 I/O 接口，如图 6-4 所示。

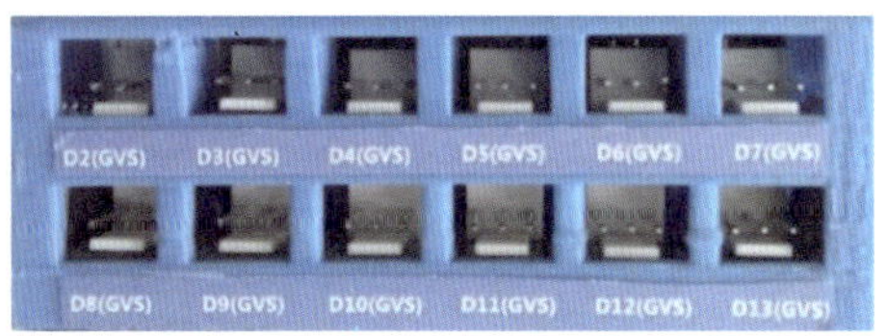

图6-4　控制器的I/O接口

三、执行器

迷宫机器人的执行器（见图 6-5）为直流电动机，通过接收控制电路发出的信号进行相应的运动。

任务实施

迷宫机器人的整体结构如 6-6 所示。

图6-5　执行器

图6-6　迷宫机器人整体结构

一、拆卸控制器的排线

按照图 6-7 拆卸控制器的排线。

二、拆除控制器

按照图 6-8 拆除控制器。

图6-7 拆除控制器排线

图6-8 拆除控制器

三、拆除控制器的电源盒

按照图 6-9 拆除控制器的电源盒。

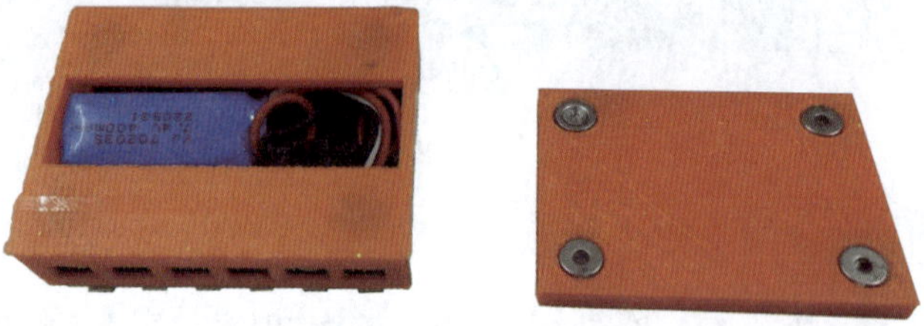

图6-9 拆除控制器电源盒

四、拆除电源

按照图 6-10 拆除电源。

五、拆除控制器电路板外壳的I/O接口

按照图 6-11 和图 6-12 拆除控制器电路板、外壳及 I/O 接口。

图6-10 拆除电源

六、拆除控制器I/O接口

按照图 6-13、图 6-14 拆除控制器的外壳、I/O 接口。

七、拆除迷宫机器人外壳

按照图 6-15、图 6-16 拆除迷宫机器人外壳及车体。

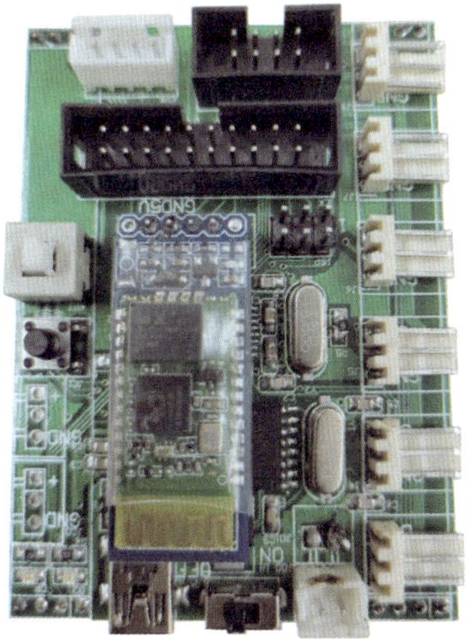

图6-11　控制器电路板

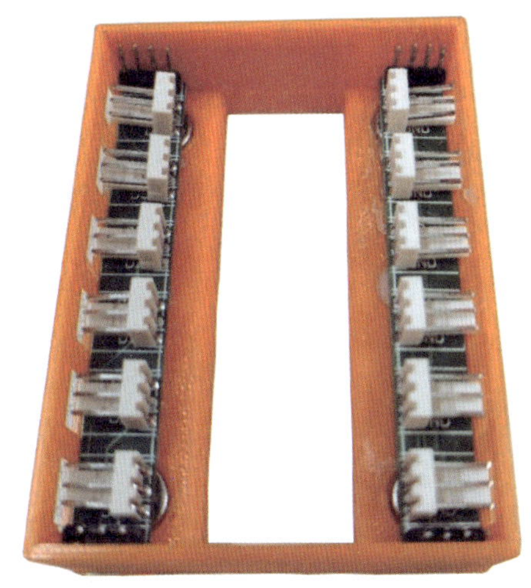

图6-12　控制器外壳及I/O接口

图6-13　控制器外壳

图6-14　控制器I/O接口

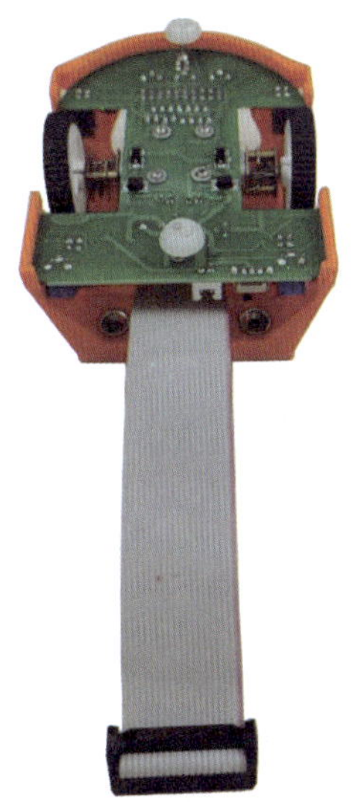

图6-15　迷宫机器人外壳

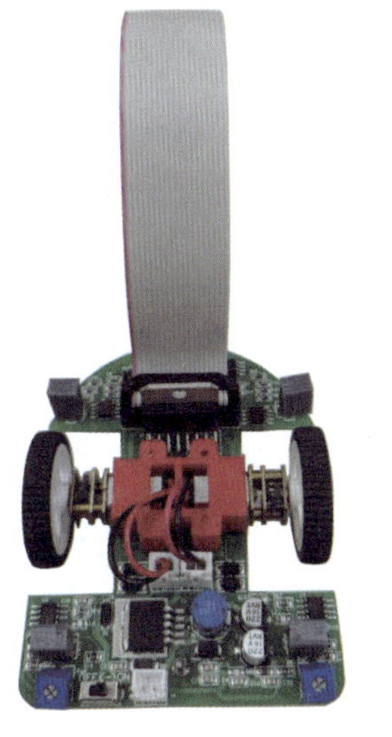

图6-16　拆除外壳的迷宫机器人车体

八、拆除排线

按照图 6-17 拆除排线。

九、拆除电动机连接线

按照图 6-18 拆除电动机连接线。

十、拆除电动机连接螺母

按照图 6-19 拆除电动机连接螺母。

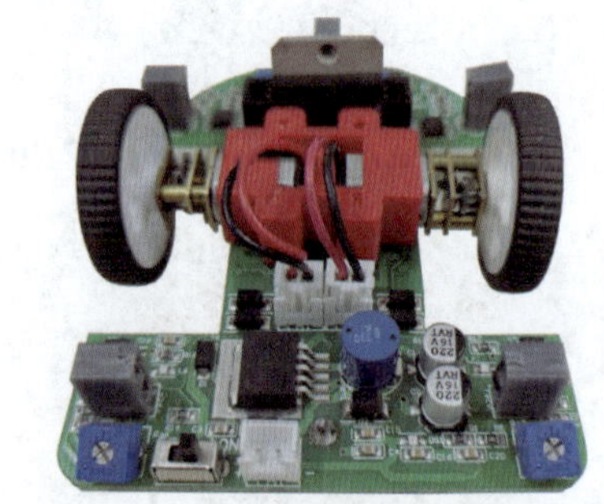

图6-17 拆除排线的迷宫机器人车体

图6-18 拆除电动机连接线

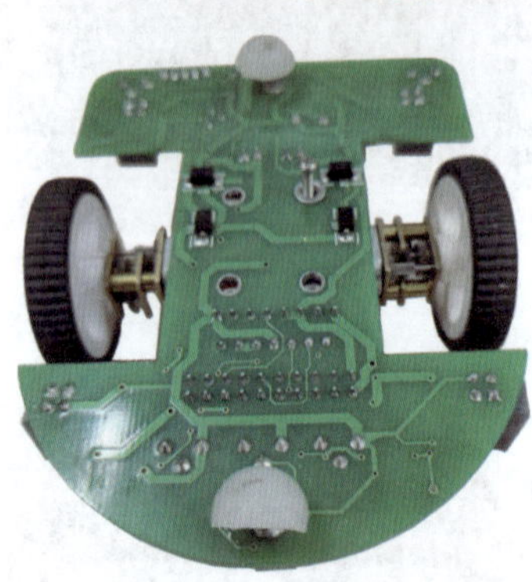

图6-19 拆除电动机螺母

十一、拆除电动机组件

按照图 6-20、图 6-21 拆除电动机组件。

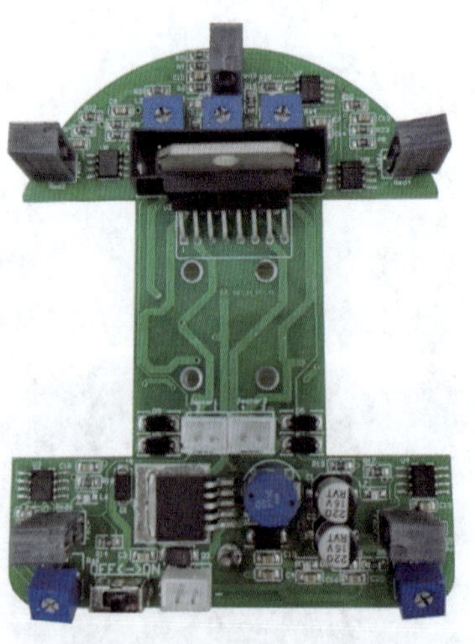

图6-20 拆除迷宫机器人电路板

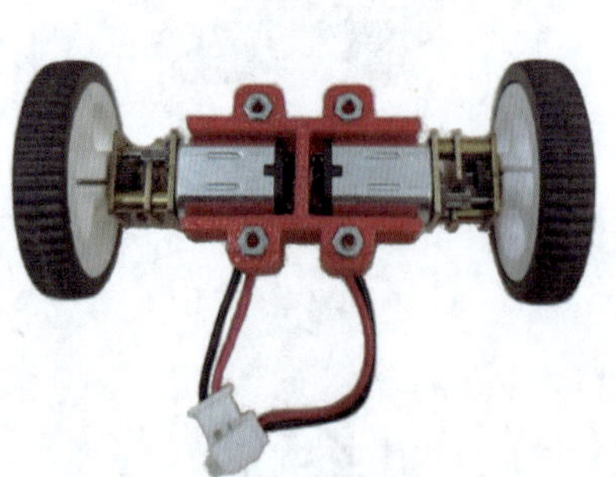

图6-21 拆除电动机组件

十二、拆除电动机模块

按照图 6-22、图 6-23 拆除电动机模块。

图6-22　拆除电动机的模块　　图6-23　电动机模块

请根据拆装过程填写表 6-1。

表6-1　迷宫机器人的拆装

项　目	序　号	名　称	数　量	型　号	使　用　前	使　用　后
迷宫机器人	1					
	2					
	3					
	4					
	5					
	6					
	7					
	8					
	9					
	10					
所用工具	1					
	2					
所用仪表	1					
	2					

问题探究

1. 迷宫机器人由哪几部分组成？各部分作用是什么？
2. 拆装迷宫机器人时应注意什么？

任务二　迷宫机器人电机的调试

任务描述

利用图形化编程软件编写迷宫机器人电机调试程序，实现迷宫机器人前进、后退、左转和右转。

学习目标

① 能够熟练查阅迷宫机器人的资料说明书。

② 能够总结迷宫机器人的结构。

③ 能够使用图形化编程软件。

④ 能够概述迷宫机器人驱动电机的特点。

⑤ 能够辨认 L298N 驱动电路各接口的功能。

⑥ 能够使用程序驱动迷宫机器人电机运行。

⑦ 培养勇于探究、勤于反思的习惯。

相关知识

一、N20减速电机

TQD-Micromouse-JQ 迷宫机器人采用升级版高品质钢齿轮 N20 减速电机作为驱动电机，如图 6-24 所示。

图6-24　N20减速电机

减速电机是指减速器和电机的集成体，这种集成体通常也可称为齿轮电机或（齿轮马达），减速电机常用在低转速高扭矩的场合。

二、L298N驱动电路

L298N 是一种高电压、大电流电机驱动芯片。该芯片采用 15 脚封装，主要特点是：工作电压高，最高工作电压可达 46 V；输出电流大，瞬间峰值电流可达 3 A，持续工作电流为 2 A；额定功率 25 W。内含两个 H 桥的高电压大电流全桥式驱动器，可以用来驱动直流电机和步进电机、继电器线圈等感性负载；采用标准逻辑电平信号控制；具有两个使能控制端，在不受输入信号影响的情况下允许或禁止器件工作有一个逻辑电源输入端，使内部逻辑电路部分在低电压下工作；可以外接检测电阻，将变化量反馈给控制电路。

由于 L298N 芯片可以同时驱动两台电机。使能 ENA 和 ENB 引脚之后，可以分别从 IN1 和 IN2 输入 PWM 信号驱动电机 M1 的转速和方向，分别从 IN3

和 IN4 输入 PWM 信号驱动电机 M2 的转速和方向。

通过引脚电平控制两台电机 M1 和 M2 的旋转方式说明，详见表 6-2。

表6-2　L298N驱动电路功能

直流电机	旋转方式	IN1	IN2	IN3	IN4	调速 PWM 信号	
						调速端 A	调速端 B
M1	正转	高	低	—	—	高	—
	反转	低	高	—	—	高	—
	停止	低	低	—	—	高	—
M2	正转	—	—	高	低	—	高
	反转	—	—	低	高	—	高
	停止	—	—	低	低	—	高

L298N 驱动电路如图 6-25 所示。

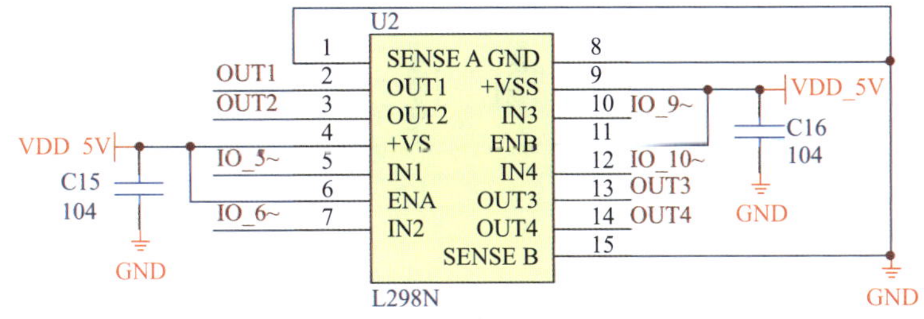

图6-25　L298N驱动电路图

三、迷宫机器人电机引脚

结合迷宫机器人电路图可知，两台电机的引脚分别为左电机（5、6）、右电机（9、10）。引脚布局如图 6-26 所示。

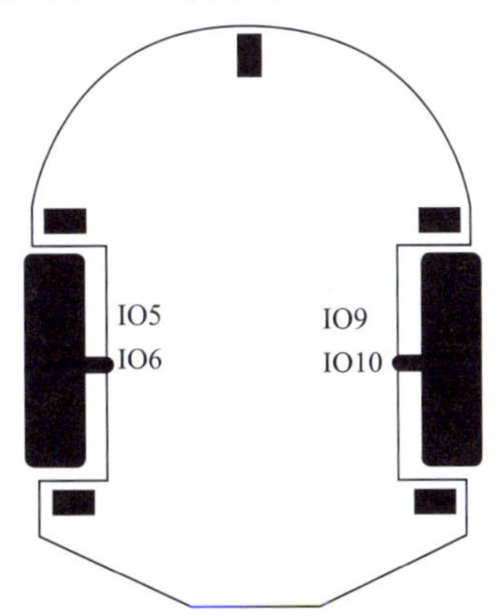

图6-26　迷宫机器人电机引脚布局

四、迷宫机器人运动情况

采用两台电机驱动的迷宫机器人驱动方式为双轮差速驱动，具体运动情况有以下四种，如图 6-27 所示。

① 左右两轮以相同的速率向前转动，则迷宫机器人向正前方前进。

② 左右两轮以相同的速率向后转动，则迷宫机器人向正后方后退。

③ 左轮和右轮的转动速度不同，迷宫机器人就转弯，转弯的半径是由两个轮子的转动速率之差决定的；而特殊的，如果左右两轮的转动速率相同，但方向正好相反，则迷宫机器人原地转动。

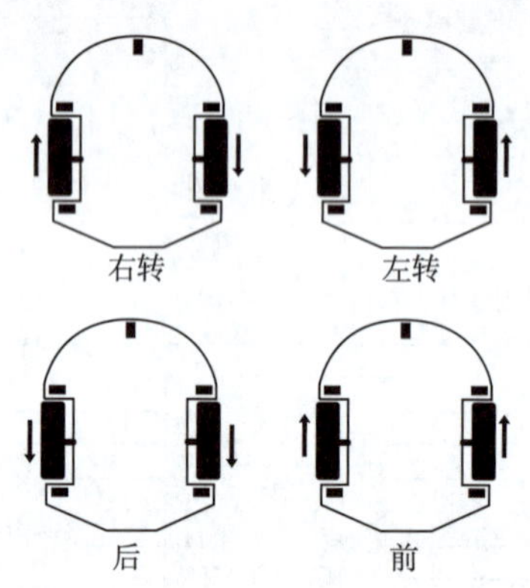

图6-27　双轮差速驱动迷宫机器人的运动情况

五、迷宫机器人电机引脚的驱动值

迷宫机器人运动情况是由电机引脚所获电平的情况决定的，具体的配置见表 6-3 所示。

表6-3　电机旋向与引脚取值关系

序　号	针脚及取值	6 低电平	6 高电平	序　号	针脚及取值	9 低电平	9 高电平
1	5 低电平	电机停	电机正转	3	10 低电平	电机停	电机正转
2	5 高电平	电机反转	电机停	4	10 高电平	电机反转	电机停

 任务实施

一、编写迷宫机器人电机调试程序

按照图 6-28 所示编写迷宫机器人电机调试程序。

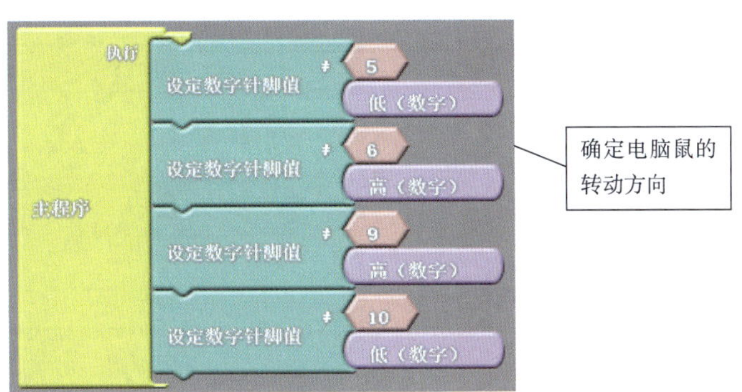

图6-28　电机调试程序

二、更改程序参数

按照表 6-2 更改电机调试程序参数，查看迷宫机器人的运行情况。

三、编写蓝牙控制程序，并完成手机遥控迷宫机器人运行

1. 流程图

手机遥控迷宫机器人流程图如图 6-29 所示。

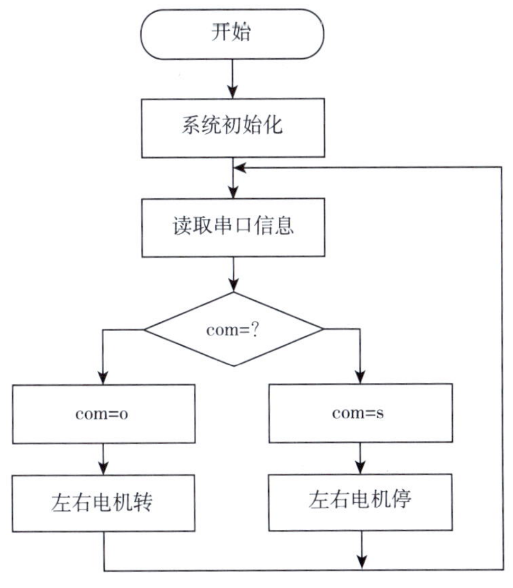

图6-29　手机遥控迷宫机器人流程图

2. 编写蓝牙控制程序

图形化编程实现如图 6-30 所示。程序汇总用开（open）和停（stop）的英文首字母 o 和 s 来表示迷宫机器人的启动和停止。

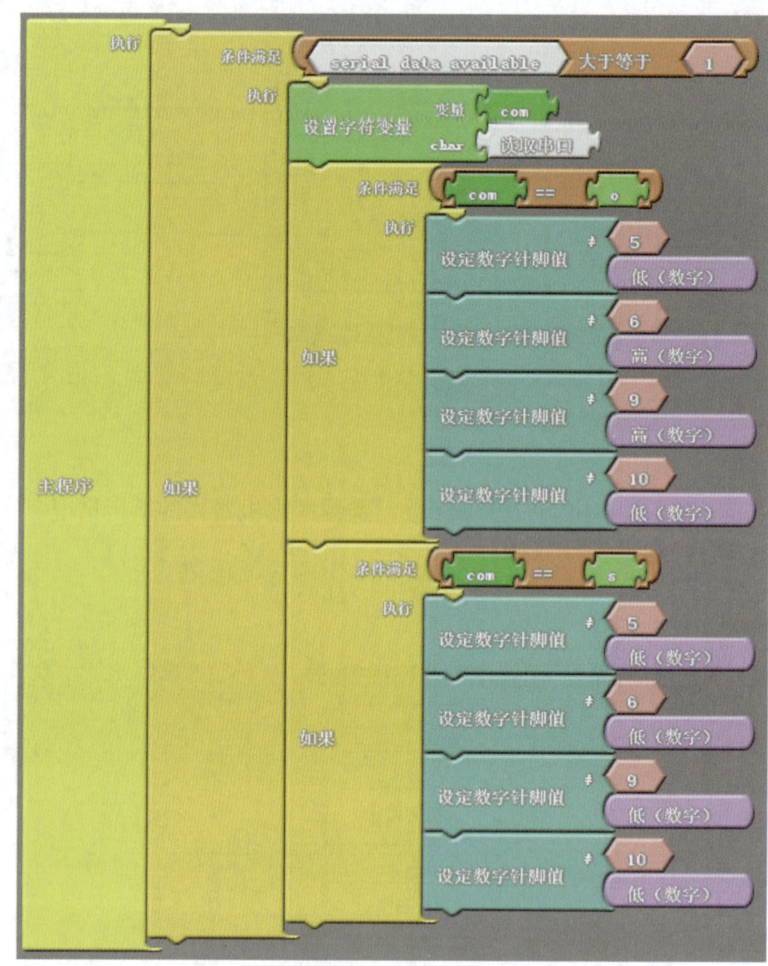

图6-30　手机遥控迷宫机器人前进和停止程序

四、下载蓝牙控制程序并运行

将程序成功下载到迷宫机器人后，当手机蓝牙发送“o”时，迷宫机器人向前行进；当手机蓝牙发送“s”时，迷宫机器人停止运行。

问题探究

1. 当迷宫机器人电机的引脚5、6同时高电平，机器人是什么状态？
2. 迷宫机器人的转弯形式有几种？各有什么特点？

任务三　迷宫机器人传感器的调试

任务描述

编写传感器调试程序，利用 TQD-IEEE Micromouse 专用测试场地，分别调整迷宫机器人的五个传感器的精度，保证迷宫机器人能够在迷宫中运动。

学习目标

① 能够熟练查阅迷宫机器人的资料说明书。
② 能够总结迷宫机器人的结构。
③ 能够使用图形化编程软件。
④ 能够辨认迷宫机器人传感器。
⑤ 能够陈述迷宫机器人传感器的工作原理。
⑥ 能够编写迷宫机器人传感器调试程序。
⑦ 能够进行迷宫机器人车姿校正。
⑧ 能够进行迷宫机器人路口检测调整。
⑨ 树立乐学乐善的习惯和实践创新的意识。

相关知识

一、漫反射式光电传感器

漫反射式光电传感器是将发光管和光电晶体管以相同的方向装在支架上，即漫反射式光电传感器集发射器与接收器于一体，实物图如图 6-31 所示。

当发光管通电发光时，光通过工件反射到光电晶体管窗口上，使光电晶体管导通，从而有一定的电流输出，以此检测物体的有无，适用于光电自动控制、物体识别、工件识别等方面。图 6-32 所示为漫反射式光电传感器的检测原理。

图6-31　漫反射式光电传感器

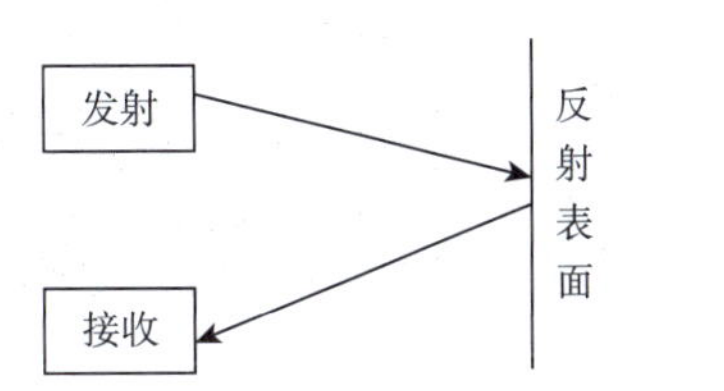

图6-32　漫反射式光电传感器的检测原理

漫反射式光电传感器驱动电路如图 6-33 所示。

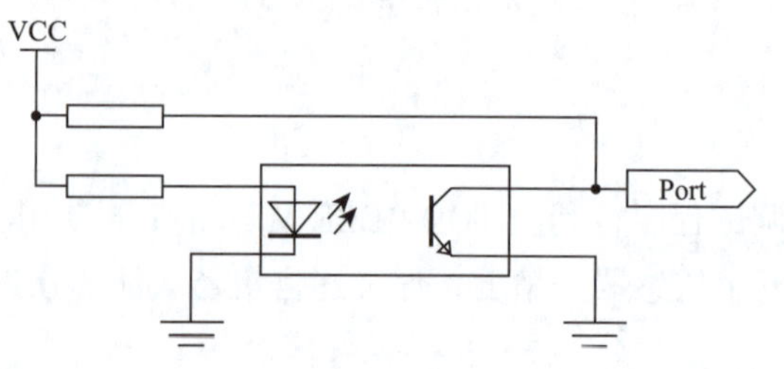

图6-33　反射式光电传感器的驱动电路

TQD-Micromouse-JQ 迷宫机器人上共有五组漫反射式光电传感器，能够精确测量有无障碍物。光电传感器分布如图 6-34 所示。其作用如下：

① 正前方的传感器可以检测前方是否有障碍物，从而实现避障。

② 左前和右前两个传感器可以用来检测迷宫通道的隔墙信息，起到校正车姿的功能。

③ 左后和右后两个传感器用来检测当前迷宫位置是否有路口，是否可以进行转弯。

当传感器检测到隔墙时，对应 LED 灯点亮。

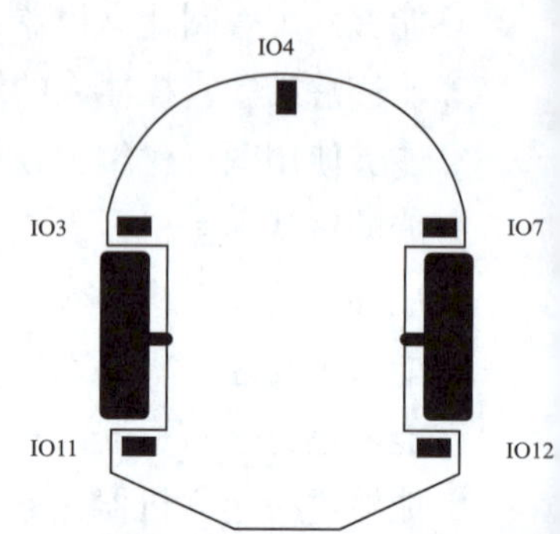

图6-34　TQD-Micromouse-JQ 光电传感器分布及I/O接口

二、迷宫机器人测试场地

迷宫机器人测试场地如图 6-35 所示。所有参数和比赛场地完全相同，场地上共有 13 处标记位置，并且使用不同的颜色进行区分。

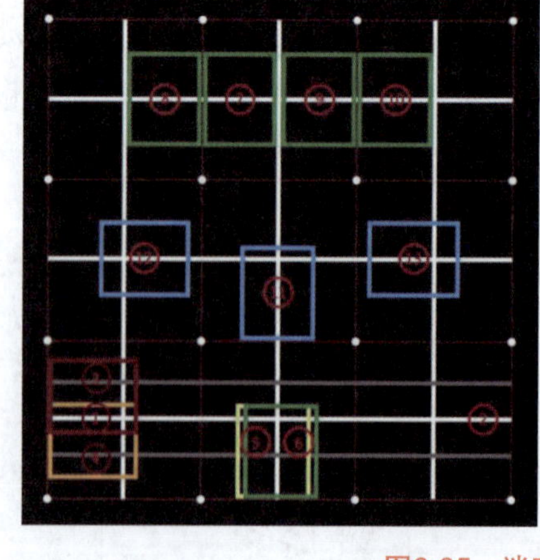

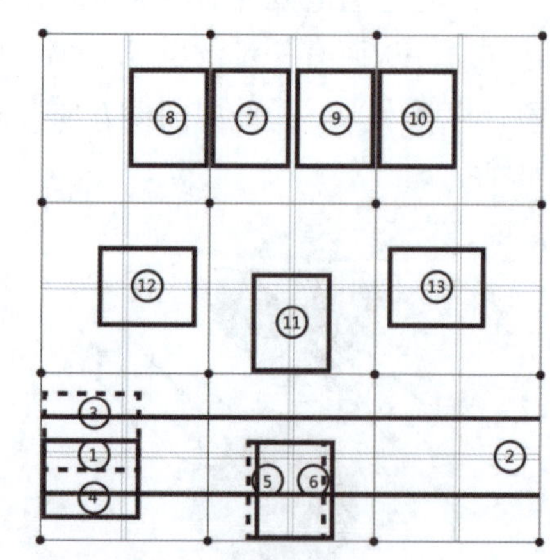

图6-35　迷宫机器人测试场地

场地组成如下：

- ①至②，灰色通道，用来检测迷宫机器人在无传感器校准的情况下直行的偏移情况。
- ③深红色矩形，④橙色矩形；③至②、④至②均用来检验有传感器校准时的迷宫机器人直行情况。
- ⑤黄色矩形用来调节迷宫机器人左前传感器，⑥绿色矩形用来调节迷宫机器人右前传感器，以达到校正车姿的目的。
- ⑦、⑧绿色矩形用来调节迷宫机器人右后传感器，⑨、⑩绿色矩形用来调节迷宫机器人左后传感器，以达到检测路口的目的。
- ⑪、⑫、⑬三个蓝色矩形用来求解迷宫机器人转弯 90° 。

任务实施

一、设置迷宫机器人传感器

每组光电传感器旁边有 LED 小灯，用于指示光电传感器的状态。当检测到障碍物时 LED 发光，检测不到时 LED 熄灭。使用方法如下：

1. 迷宫机器人传感器定义

根据表 6-4 为四个传感器进行变量命名。具体方法如图 6-36 所示。

表6-4 传感器变量对应表

变 量 名	传感器位置	对应 I/O 接口
L_correct	左前方传感器	3
R_correct	右前方传感器	7
L_turn	左后方传感器	11
R_turn	右后方传感器	12

图6-36 设置传感器变量

2. 编写迷宫机器人传感器检测程序

添加四个条件语句来判断光电传感器是否检测到墙壁。具体程序如图 6-37 所示。

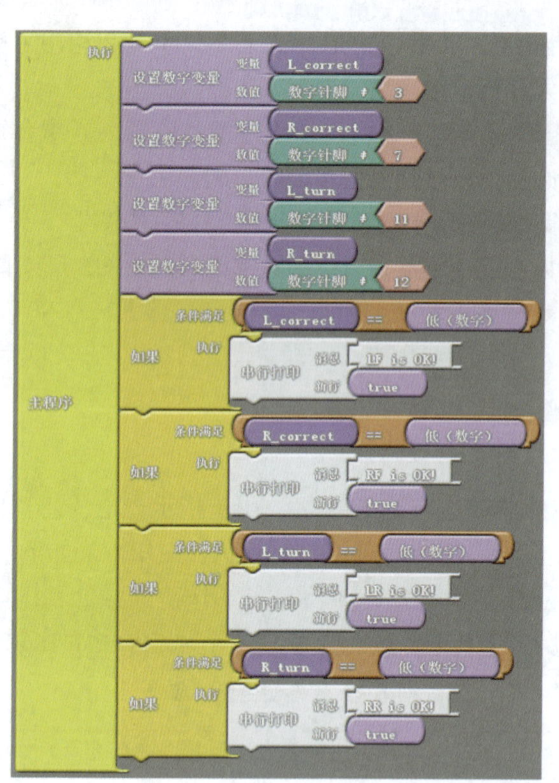

图6-37　传感器测试程序

下载程序，连接手机蓝牙。用手遮挡传感器，就可以发现蓝牙接收到对应信息，对应的 LED 也同时点亮。

二、调试迷宫机器人传感器

1. 迷宫机器人车姿校正调节

迷宫机器人在迷宫中行走时，最理想的状态是沿着中心线行走。通过调节迷宫机器人左前和右前光电传感器的检测距离，保证机器人两个传感器同时检测不到两侧的墙壁，即当发生左偏移（⑤号位置）时，左前方检测到墙壁，右前方仍然检测不到；当发生右偏移（⑥号位置）时，左前方检测不到墙壁，右前方检测到墙壁。调节方法如图 6-38 所示。

（a）

（b）

图6-38　左前方、右前方传感器调节

（1）左前传感器调节

将迷宫机器人放在⑤号位置，调节左前电位器直至左前 LED 点亮，同时确保右前 LED 没有点亮。

（2）右前传感器调节

将迷宫机器人放在⑥号位置，调节右前电位器直至右前 LED 点亮，同时确保左前 LED 没有点亮。

2. 迷宫机器人路口检测调整

迷宫机器人在行走时如果没有及时校正车姿，那么它的极限位置靠近左侧墙壁或靠近右侧墙壁。为了避免发生路口误判，迷宫机器人的路口检测距离应该大于半个迷宫格宽度，但是又小于一个迷宫格宽度。

（1）左后传感器调试

左后传感器调节方法如图 6-39 所示。

（a）

（b）

图6-39　左后传感器调节

将迷宫机器人放在⑨号位置［见图 6-39（a）］，调整左后电位器直至左后LED 点亮，并检测迷宫机器人放在⑩号位置［见图 6-39（b）］时，左右 LED是熄火的。

（2）右后传感器调试

左后传感器调节方法如图 6-40 所示。

（a）

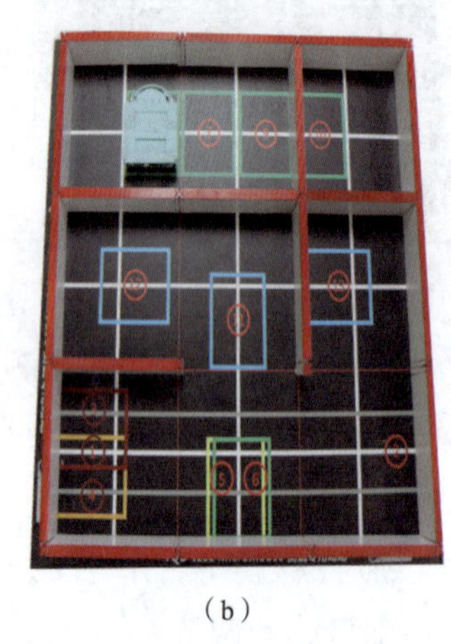

（b）

图6-40　右后传感器调节

将迷宫机器人放在⑦号位置［见图 6-40（a）］，调整右后电位器直至右后LED 点亮，并检测迷宫机器人放在⑧号位置［见图 6-40（b）］时，右后 LED是熄灭的。

问题探究

1. 迷宫机器人每个传感器对应的 I/O 口分别是什么？
2. 简述迷宫机器人每个传感器在迷宫运行的作用。

项目七　迷宫机器人的调试与竞赛

项目引入

错综复杂的迷宫可能会有多条通往出口的路线，迷宫机器人会根据IEEE标准迷宫机器人大赛规则完成迷宫搜索，选择最优路径，到达终点。本项目要求学生按照不同迷宫的特点选择搜索迷宫合理方法，熟练调整迷宫机器人的直行、转弯的姿态，快速完成机器人走迷宫。

知识图谱

围绕迷宫机器人的姿态调整等工作任务包含的内容，知识图谱如下：

- 项目七　迷宫机器人的调试与竞赛
  - 任务一　迷宫机器人运行姿态的调试
    - 迷宫机器人无校正直行的方法
    - 迷宫机器人有校正直行的方法
    - 迷宫机器人转弯的方式
    - 迷宫机器人检测路口的方法
  - 任务二　迷宫机器人的综合调试
    - 迷宫机器人的调试
    - 迷宫机器人的综合运行
  - 任务三　迷宫机器人竞赛
    - 迷宫机器人竞赛流程
    - 迷宫机器人竞赛程序

任务一　迷宫机器人运行姿态的调试

任务描述

在没有预知迷宫路径的情况下，迷宫机器人必须先探索迷宫中的所有单元格，直到抵达终点为止。迷宫机器人要随时保持车姿和位置，同时通过传感器采集迷宫格四周是否有墙壁。本任务要根据多种形式调整迷宫机器人的运行姿态，熟练应用图形化编程软件编写迷宫机器人直行、转弯和迷宫搜索的程序，实现迷宫机器人相应的动作。

学习目标

① 能够熟练查阅迷宫机器人的资料说明书。
② 能够总结迷宫机器人的结构。
③ 能够熟练使用图形化编程软件。
④ 能够归纳迷宫机器人无校正、有校正调整车姿的方法。
⑤ 能够熟练调整传感器的精度。
⑥ 能够总结迷宫机器人转弯的方法。
⑦ 能够解释左、右手法则的原理。
⑧ 具有理性思维的能力和坚持不懈的探索精神。

相关知识

一、迷宫机器人无校正直行的方法

迷宫机器人在迷宫中快速运动，需要机器人尽量走直线，避免和迷宫的隔板发生碰撞，但由于电机的工业误差、导线的长度、焊接工艺以及轮胎的摩擦等原因，迷宫机器人不可避免地会向一侧偏移。

利用 PWM 调速方法，通过程序调整迷宫机器人两侧电机 6 号和 9 号引脚模拟值的大小，可以改变迷宫机器人运行的姿态。图 7-1 所示为迷宫机器人 6 号、9 号引脚位置。

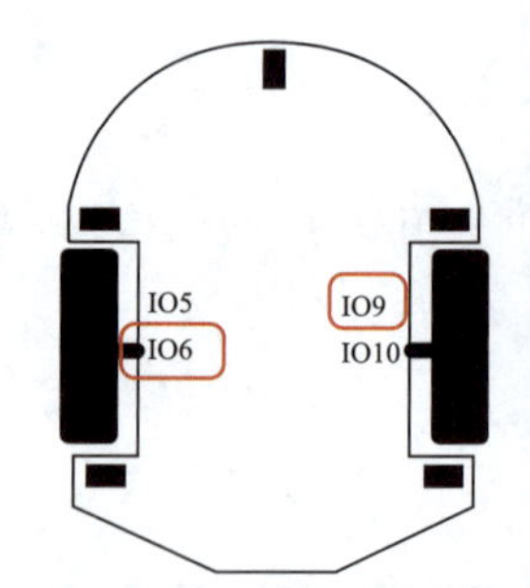

图7-1 迷宫机器人电机6号、9号引脚

二、迷宫机器人有校正直行的方法

采用无校正的形式，迷宫机器人在短距离运行视觉上没有问题，但是随着运动距离的增加，迷宫机器人还是会逐渐地偏离中心线。

采用项目六中迷宫机器人传感器调试方法，将调试好的光电传感器（左前、右前两个传感器），通过光电传感器采集的信号自动校正迷宫机器人的车姿，回到迷宫路线的中心，保证迷宫机器人走直线。迷宫机器人在迷宫路线上的三种位置如图 7-2 所示。

在图 7-2（a）中，迷宫机器人处于迷宫格的中心，是最佳姿势，不需要校准。

在图 7-2（b）中，迷宫机器人发生左偏移，需要向右校准。

在图 7-2（c）中，迷宫机器人发生右偏移，需要向左校准。

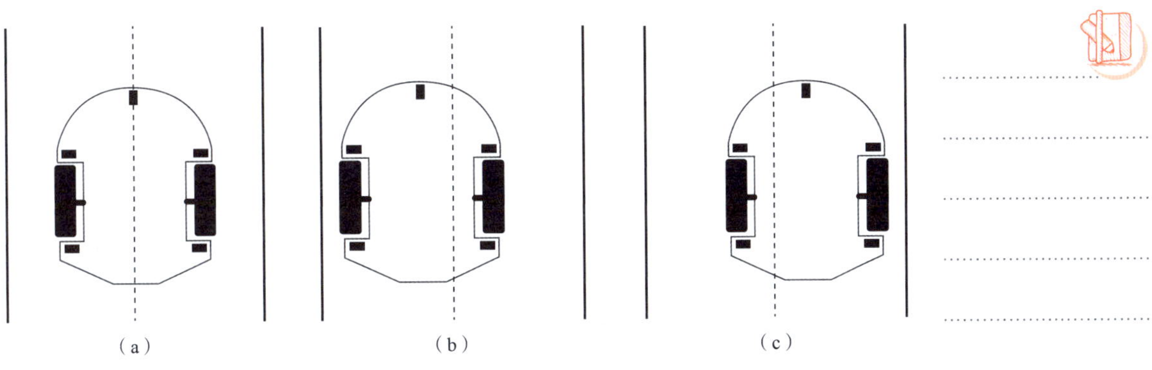

图7-2　迷宫机器人位置示意图

迷宫机器人车姿调整的核心问题是当采集到机器人位置需要纠正时，如何合理控制其左电机和右电机的速度。理想的车姿校准应使迷宫机器人不仅可以很快地回到中心线，而且在中心线附近的振荡越小越好。

三、迷宫机器人转弯的方式

迷宫机器人转弯的方式有三种，如图 7-3 所示。

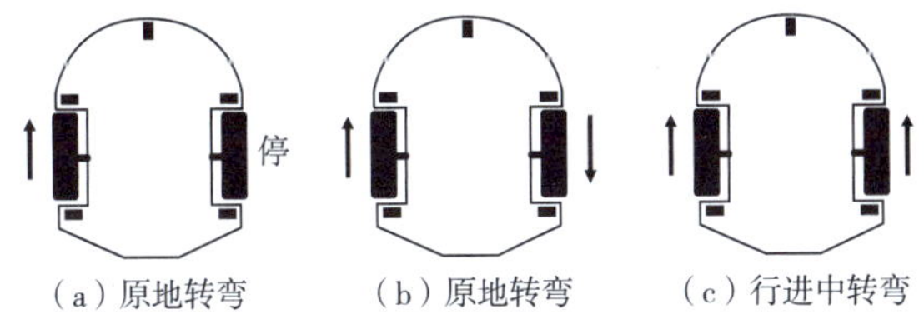

图7-3　迷宫机器人的三种转弯方式

第一种方式控制简单，需要左转时，右侧电机转动、左侧停止；需要右转时，左侧电机转动、右侧停止，稳定性较高；第二种方式两侧电机需要向相反的方向转动，对稳定性有较高要求；第三种转弯方法的优点是速度较快，但是控制难度大。

四、迷宫机器人搜索迷宫方法

TQD-Micromouse-JQ 迷宫机器人探索迷宫的形式主要采用两种形式进行：一种是采用左手法则；另一种是采用右手法则。

1. 左手法则

左手法则就是迷宫机器人通过传感器检测前进方向的路口，只要左侧存在没有走过的入口，迷宫机器人优先考虑左转弯，其次是向前行，最后考虑向右转弯。图 7-4 中左下角为迷宫机器人出发点坐标为（0，0），虚线为迷宫机器人运动路径，可以很清楚地看到，当迷宫机器人遇到分支路口时，它会选择优先向左转弯，不能左转弯时迷宫机器人会选择直行，当迷宫机器人既不能左转

弯也不能直行时才会右转弯。

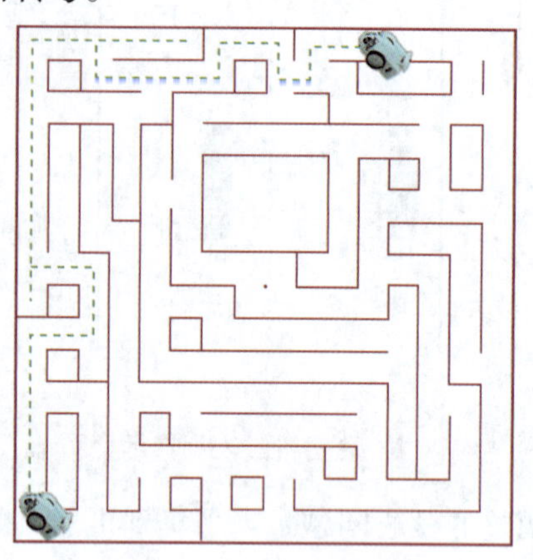

图7-4　左手法则示意图

2. 右手法则

右手法则就是迷宫机器人通过传感器检测前进方向的路口，只要右侧存在没有走过的入口，迷宫机器人优先考虑右转弯，其次是向前行，最后考虑向左转弯。图 7-5 中左下角为迷宫机器人出发点坐标（0，0），虚线为迷宫机器人运动路径，每当迷宫机器人遇到分支路口时，它都会选择优先向右转弯，不能右转弯时迷宫机器人会选择直行，当既不能右转弯也不能直行时才会左转弯。

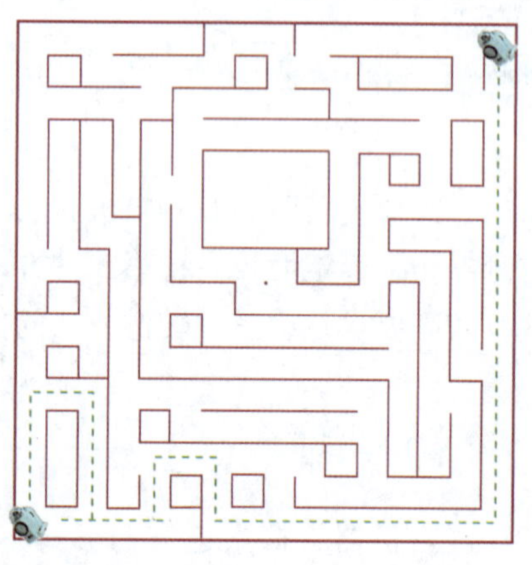

图7-5　右手法则示意图

任务实施

一、迷宫机器人无校正直行

按照图 7-6 所示的编写程序，根据迷宫机器人的实际情况调整 6 号引脚与 9 号引脚的模拟量数值，实现机器人直线运行，并记录此时 2 个引脚设置数值。

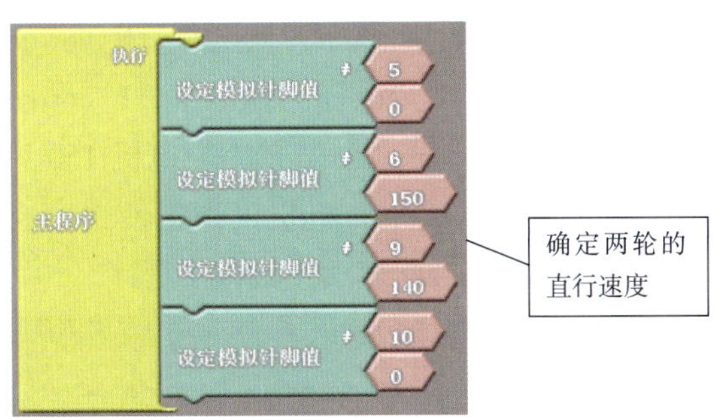

图7-6　无校正走直线

二、迷宫机器人有校正直行

完成迷宫机器人有校正直行的调试。

1. 分析迷宫机器人有校正直行的流程

迷宫机器人有校正直行的流程如图 7-7 所示。

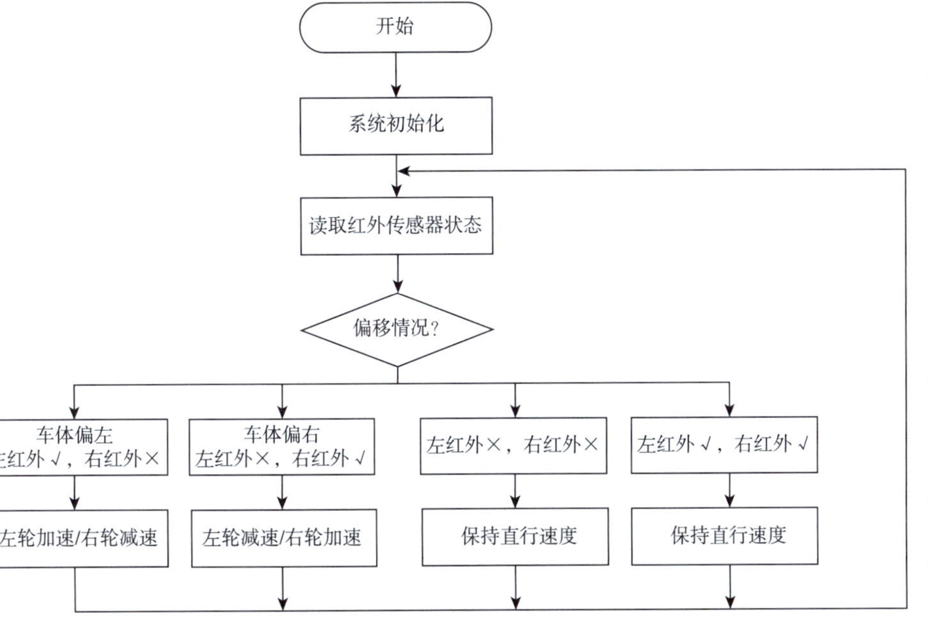

图7-7　迷宫机器人有校正直行的流程

2. 迷宫机器人有校正直行的调试

迷宫机器人校正是否直线运行，依靠其前端的左、右两个传感器来实现，对应的引脚为 3 和 7。当传感器检测到挡板时，输出低电平信号，反之输出高电平信号，程序如图 7-8 所示。

图7-8　左前、右前光电传感器定义程序

当迷宫机器人左偏时，变量 L_correct 为低电平，R_correct 为高电平。

当迷宫机器人右偏时，变量 R_correct 为低电平，L_correct 为高电平。

当迷宫机器人无校正直行时，采集的数据为左电机 150、右电机 140。

当迷宫机器人左偏时，可以减小右电机模拟量使迷宫机器人回到中心线上，如图 7-9 所示。其中，Left_offset 表示左偏移子程序。

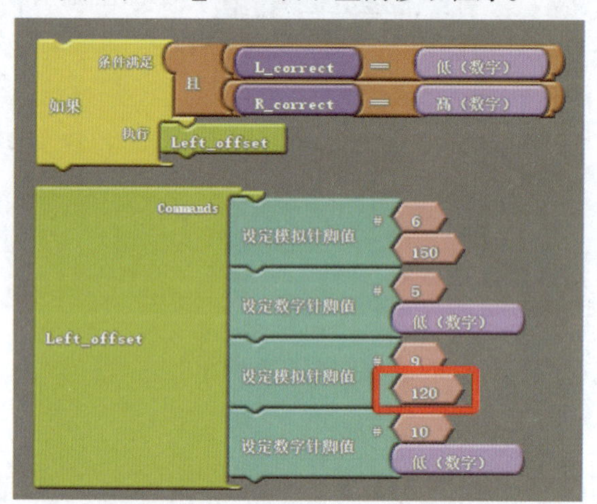

图7-9 迷宫机器人偏左校正

当迷宫机器人右偏时可以减小左电机模拟量使迷宫机器人回到中心线上，如图 7-10 所示。其中，Right_offset 表示右偏移子程序。

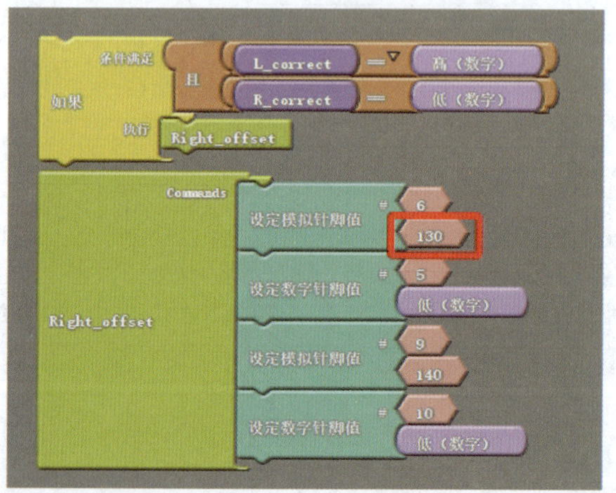

图7-10 迷宫机器人偏右校正

如果当左前和右前传感器同时检测到挡板或者两个传感器同时检测不到挡板时，迷宫机器人都执行前行子程序 Front。程序如图 7-11 所示。

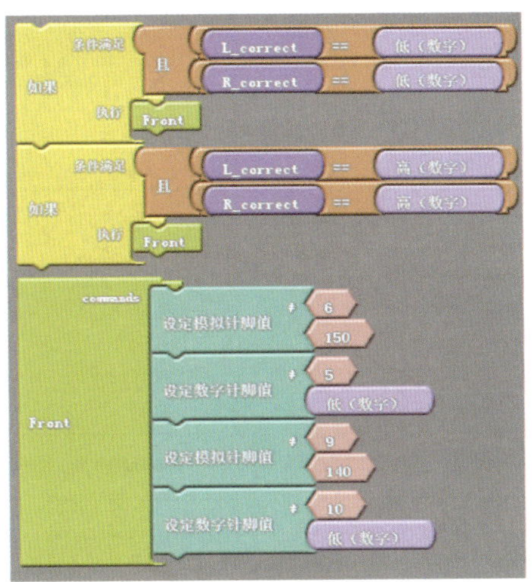

图7-11　迷宫机器人左前、右前校正

图 7-12 所示的迷宫机器人有校正直行完整的程序完成实际调试。

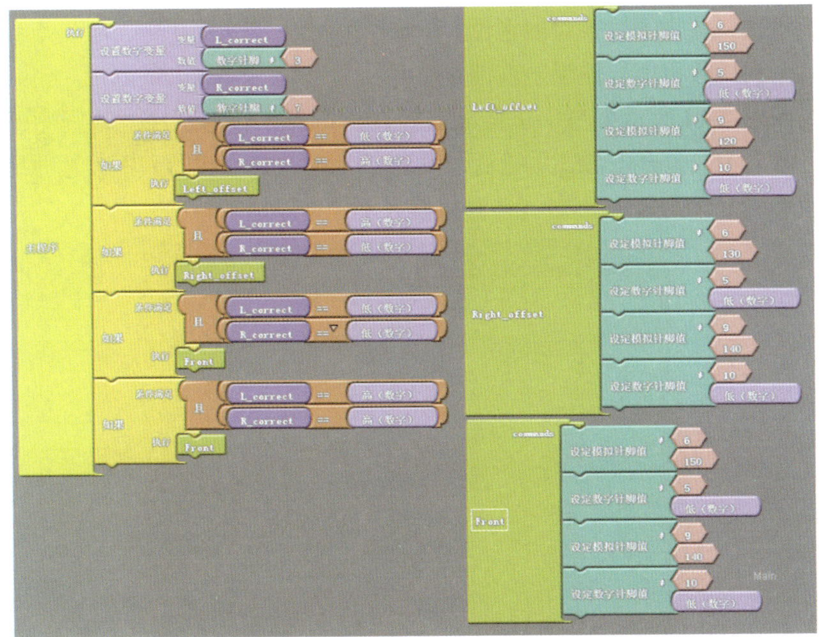

图7-12　迷宫机器人有校正直行程序

三、迷宫机器人原地转弯

完成迷宫机器人原地转弯的调试。

1. 分析迷宫机器人原地转弯的流程

迷宫机器人转弯流程如图 7-13 所示。

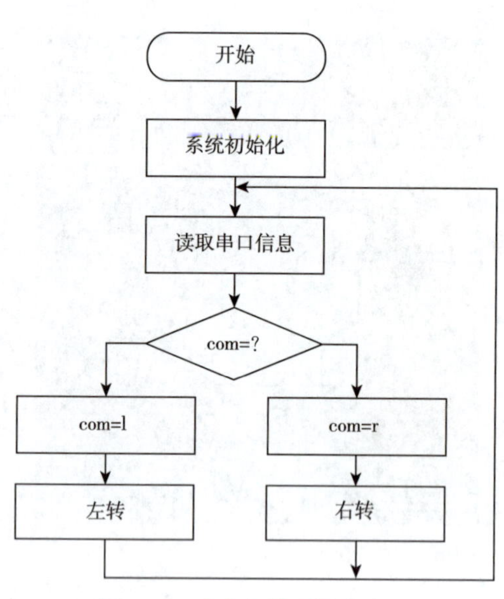

图7-13　迷宫机器人转弯流程

2. 迷宫机器人原地转弯的调试

（1）利用数字信号控制迷宫机器速度

按照图 7-14 所示编写手机蓝牙遥控迷宫机器人转弯程序。将程序下载到迷宫机器人中，打开电源，手机蓝牙发送“l”时，迷宫机器人不停地原地向左转弯；手机蓝牙发送“r”时，迷宫机器人不停地原地右转。

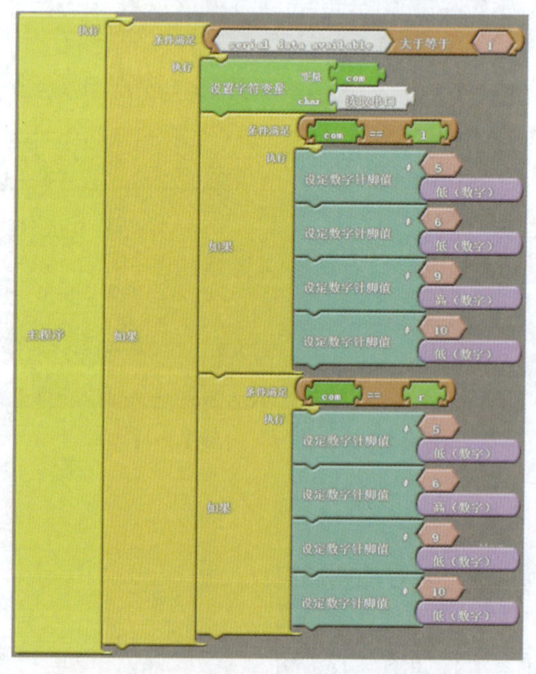

图7-14　手机控制迷宫机器人原地转弯程序

（2）利用模拟信号控制迷宫机器人速度

将数字引脚 6、9 替换为模拟引脚，按照图 7-15 编写迷宫机器人调速转弯的完整程序并下载，观察效果。

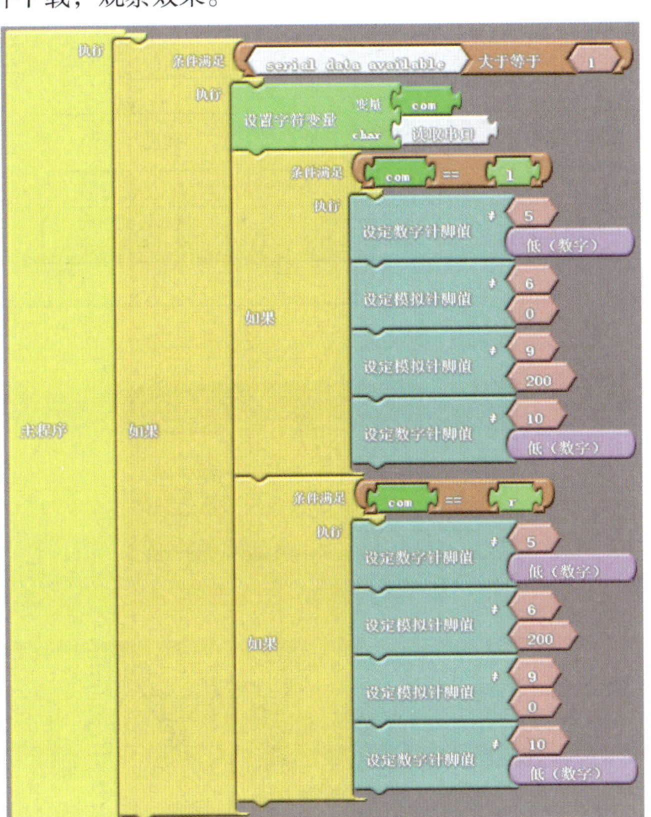

图7-15　迷宫机器人调速转弯程序

四、迷宫机器人90° 转弯

迷宫机器人转弯角度是由外侧电机的速度和持续的时间两个参数控制的，适当调整速度和时间的数值可以完成迷宫机器人左右转 90° 的动作。

1. 迷宫机器人 90° 转弯流程

判断迷宫机器人是否转弯 90° 的具体流程如图 7-16 所示。

2. 迷宫机器人 90° 转弯的调试

通过测试场地，检查迷宫机器人是否准确地转弯 90° 。

假设发现迷宫机器人左转超过 90° ，可以通过减小 9 号引脚的模拟值或左转时间两种方法进行调节。设置速度和时间为变量的程序段如图 7-17 所示。

蓝牙控制迷宫机器人启动、停止程序，如图 7-18 所示。

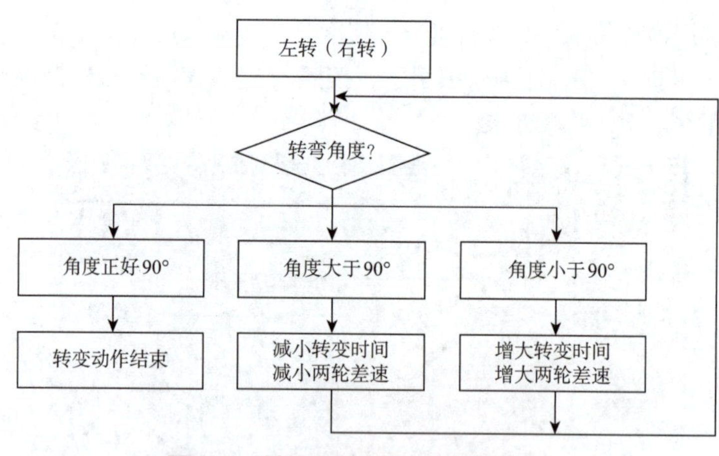

图7-16　判断迷宫机器人是否转弯90°

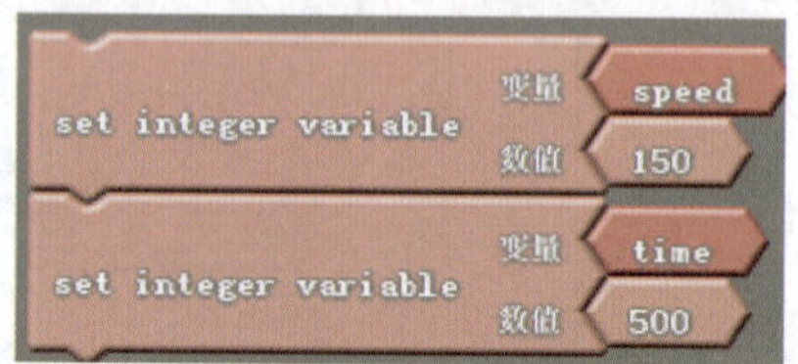

图7-17　对速度和时间设置变量程序

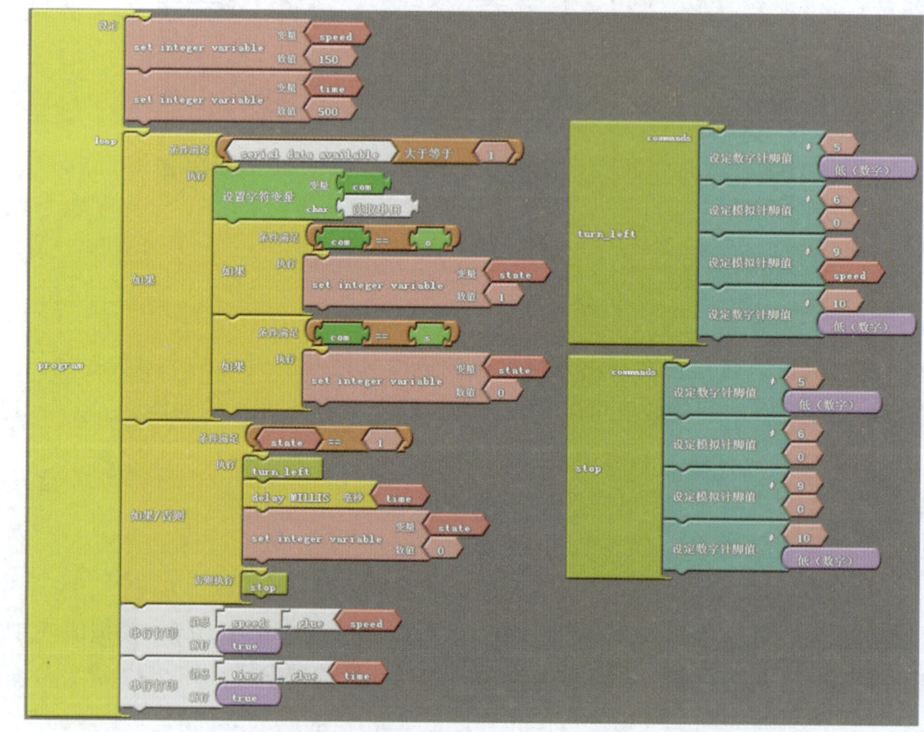

图7-18　蓝牙控制迷宫机器人启动、停止程序

如果初值不能满足迷宫机器人恰好转弯 90° ，可以通过蓝牙发送指令，自加、自减速度和时间的大小如图 7-19 所示。

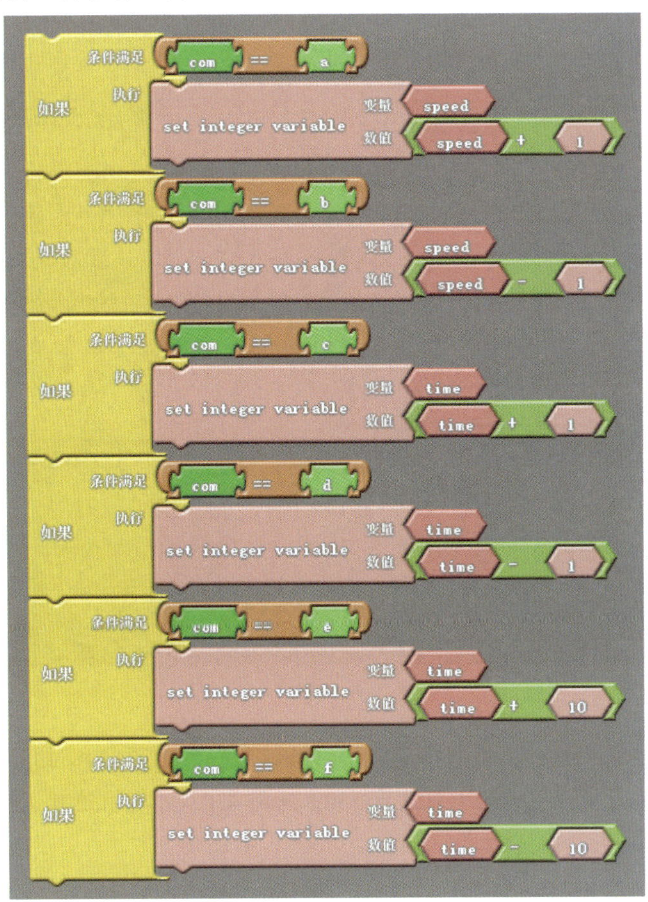

图7-19　蓝牙控制速度和转弯时间自加、自减程序

通过蓝牙发送 a、b、c、d、e、f 时，速度和时间进行自加、自减，求得准确的速度和时间，并通过“串行打印”指令将速度和时间输出，如图 7-20 所示。

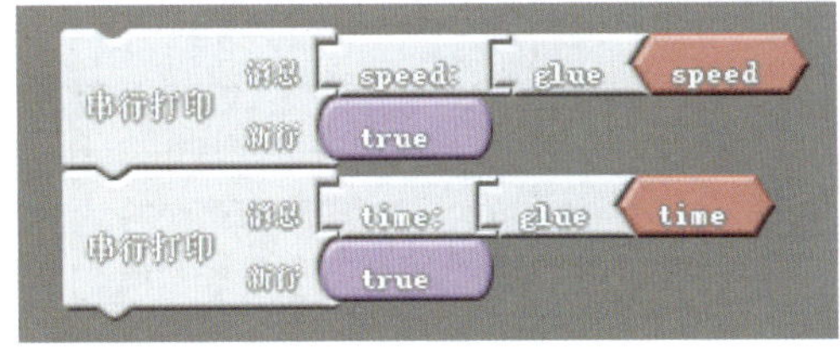

图7-20　串行打印速度和时间程序

图 7-21 所示的迷宫机器人左转 90° 完整的程序完成实际调试。

将程序下载到迷宫机器人中，发送蓝牙指令观察迷宫机器人的动作。

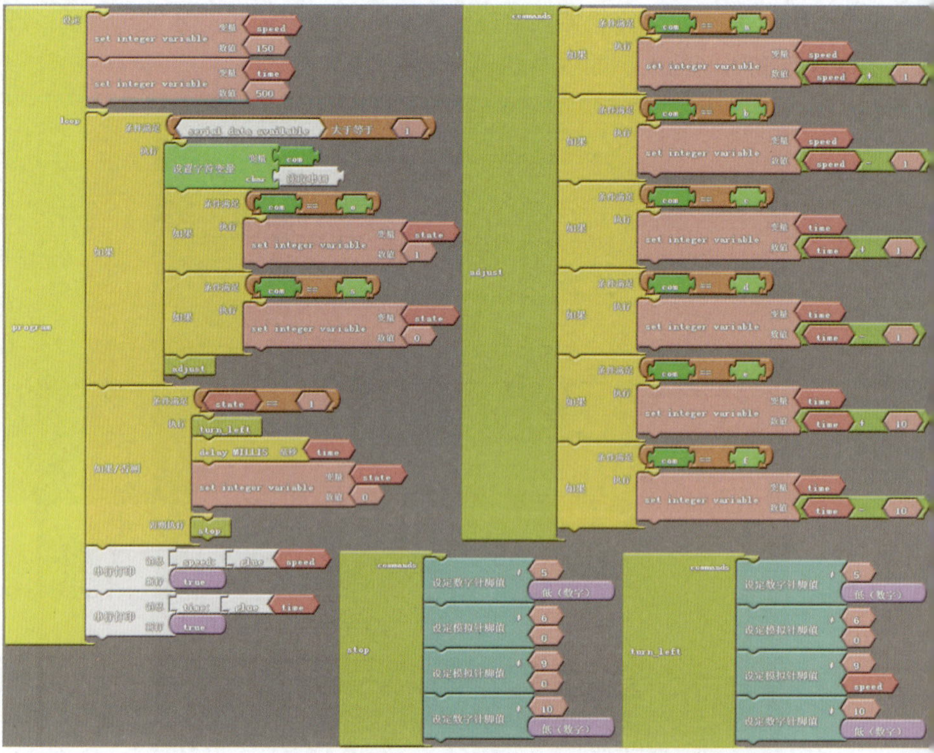

图7-21　左转弯调试程序

右转弯类似，通过实验后将最终得到的转弯参数（速度和时间）记录备用。

注意：参考值设置为右电机速度 150，时间 430；左电机速度 150，时间 440。

五、迷宫机器人检测路口

1. 按照左手法则进行路口检测

参考图 7-22 所示程序完成程序编制和迷宫机器人调试，并观察迷宫机器人行走路线。

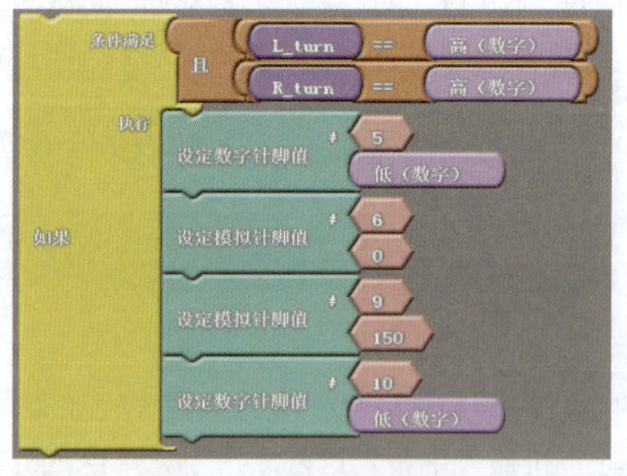

图7-22　左转弯优先程序

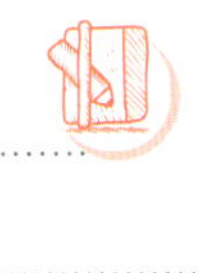

2. 按照右手法则进行路口检测

参考图 7-23 所示程序完成程序编制和迷宫机器人调试，并观察迷宫机器人行走路线。

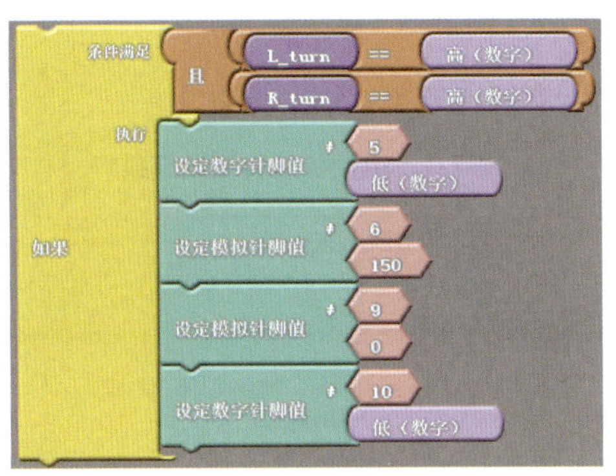

图7-23　右转弯优先程序

问题探究

1. 简述迷宫机器人调试的主要步骤。
2. 简述降低迷宫机器人转弯误判的方法。
3. 如何优化迷宫机器人的运行路线？

任务二　迷宫机器人的综合调试

任务描述

迷宫机器人快速顺利地完成迷宫的探索和规定路线的行走，需要对其进行必要的调试和正确的程序控制。本任务要求根据不同迷宫图，分别按照控制要求，进行迷宫机器人传感器调试，熟练应用图形化编程软件编写相应的程序，实现规定的功能。

学习目标

① 能够熟练查阅迷宫机器人的资料说明书。
② 能够熟练使用图形化编程软件。
③ 能够熟练完成传感器调整。
④ 能够利用蓝牙控制矫正车姿。
⑤ 能够控制迷宫机器人完成路口检测。
⑥ 能够控制迷宫机器人按轨迹运行。
⑦ 进一步形成劳动意识，具有解决问题的兴趣和热情。

相关知识

一、迷宫机器人左转弯控制

1. 电动机旋转测试

前面已经测试过电动机旋转，其结果见表 7-1。

表7-1　电动机旋转测试结果

—	6 低电平	6 高电平
5 低电平	停	正
5 高电平	反	停
	9 低电平	9 高电平
10 低电平	停	正
10 高电平	反	停

注：停—停止，电动机无动作；正—向前转动；反—向后转动。

2. 迷宫机器人左转弯

当 5、6、10 引脚全为低电平，9 引脚为高电平时，迷宫机器人向左转弯。迷宫机器人左转程序如图 7-24 所示。

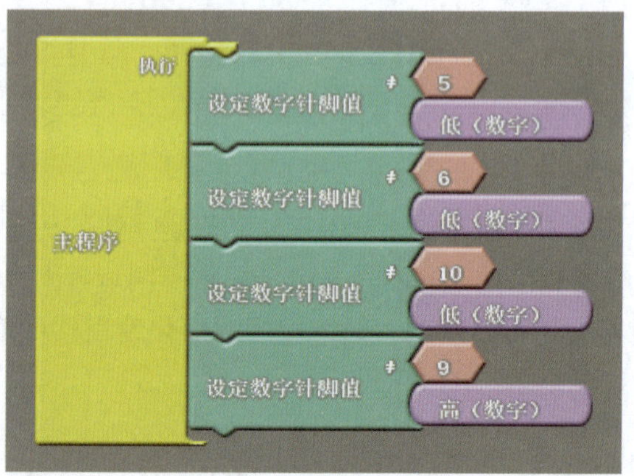

图7-24　迷宫机器人左转程序

将程序上载到核心板，观察迷宫机器人是否开始不停地左转弯。出于对转弯速度调整的考虑，将数字引脚 6、9 替换为模拟引脚。迷宫机器人左转（模拟量）程序如图 7-25 所示。

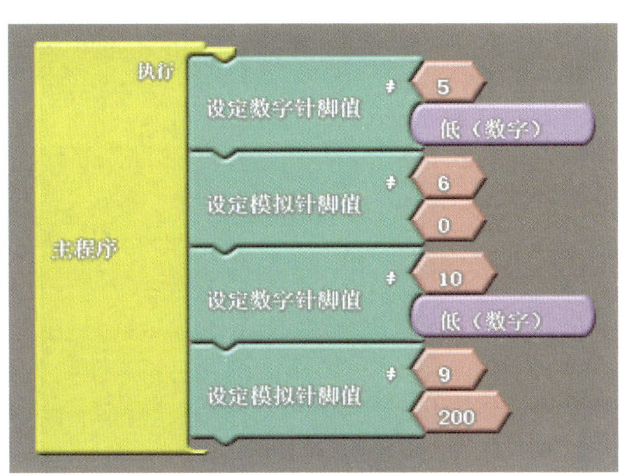

图7-25　迷宫机器人左转（模拟量）程序

改变9号引脚的模拟量大小，重复下载程序，观察迷宫机器人的左转弯速度有何不同。

二、迷宫机器人右转弯控制

当5、9、10引脚全为低电平，6号引脚为高电平时，迷宫机器人向右转弯。迷宫机器人右转程序如图7-26所示。

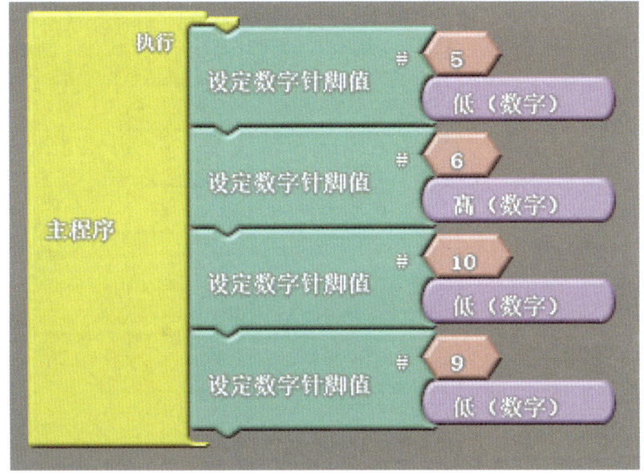

图7-26　迷宫机器人右转程序

将程序上载到核心板，观察迷宫机器人是否开始不停止的右转弯。出于对转弯速度调整的考虑，将数字引脚6、9替换为模拟引脚。迷宫机器人右转（模拟量）程序如图7-27所示。

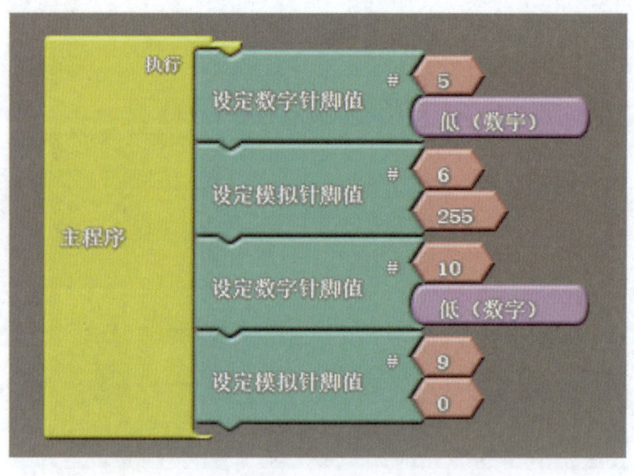

图7-27　迷宫机器人右转（模拟量）程序

改变 6 号引脚的模拟量大小，重复下载程序，观察迷宫机器人的右转弯速度有何不同。

三、迷宫机器人直行控制

当迷宫机器人的 5、10 号引脚为低电平，6、9 号引脚为高电平时，迷宫机器人向前运行。设置数字引脚程序如图 7-28 所示。

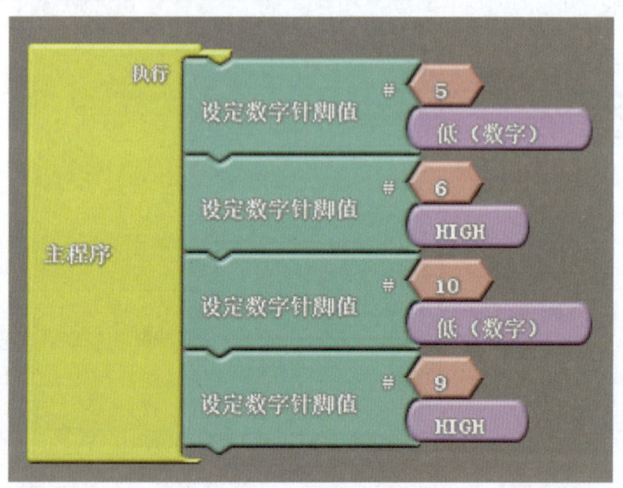

图7-28　设置数字引脚程序

将程序上载到核心板，观察迷宫机器人是否开始向前运行。出于对直行速度调整的考虑，将数字引脚 6、9 替换为模拟引脚。设置模拟引脚程序如图 7-29 所示。

改变 6 号引脚和 9 号引脚的模拟量大小，重复下载程序，观察迷宫机器人的直行的速度有何不同？

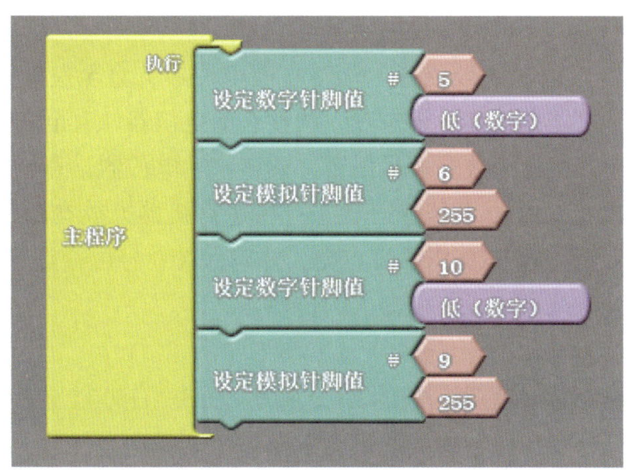

图7-29　设置模拟引脚程序

任务实施

一、迷宫机器人的调试

1. 控制要求

根据图 7-30 所示迷宫，编写同一个程序完成以下两个要求：

① 校正车姿调试：左偏用 a 来表示；右偏用 b 来表示。具体控制为将迷宫机器人放在 5 号位置，手机蓝牙接收到 a，同时接收不到 b；放在 6 号位置，手机蓝牙接收到 b，同时接收不到 a。

② 路口检测调试：左侧有墙壁用 c 来表示；右侧有墙壁用 d 来表示。具体控制为将迷宫机器人放在 8 号位置，手机蓝牙接收到 c，同时接收不到 d；放在 10 号位置，手机蓝牙接收到 d，同时接收不到 c；放在 7 号或 9 号位置时，手机蓝牙均接收不到 c 或 d。

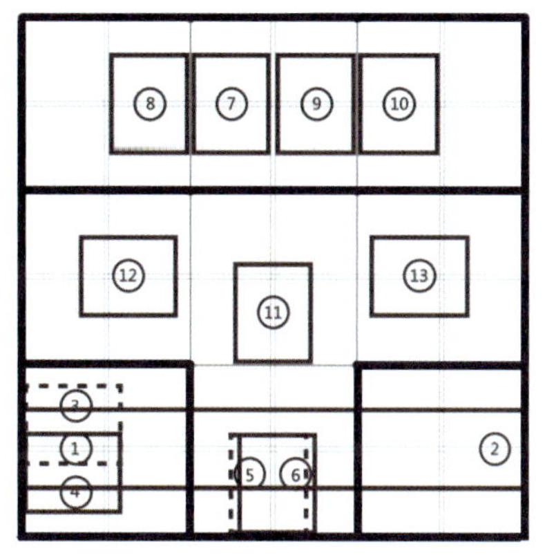

图7-30　迷宫

2. 绘制流程图

程序流程图如图 7-31 所示。

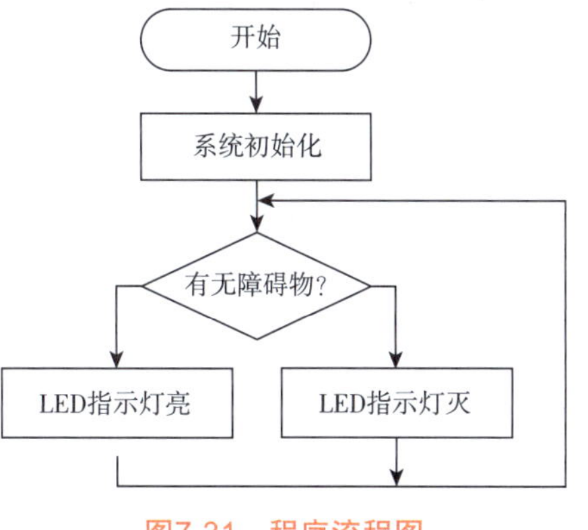

图7-31　程序流程图

3. 调整传感器

将迷宫机器人放在 5 号位置，调整左前电位器，直至左前 LED 指示灯刚刚点亮；将迷宫机器人放在 6 号位置，调整右前电位器，直至右前 LED 指示灯刚刚点亮；将迷宫机器人放在 8 号位置，调整左后电位器，直至左后 LED 指示灯点亮，并确保在 7 号位置是熄灭状态；将迷宫机器人放在 10 号位置，调整右后电位器，直至右后 LED 指示灯点亮，并确保在 9 号位置是熄灭状态。完成以上步骤，迷宫就调试完成了机器人的传感器。

4. 图形化编程

迷宫机器人红外线传感器对应的 IO 分别为左前 3、右前 7、左后 11 和右后 12。

（1）四个红外线传感器检测和数据发送

检测和数据发送程序如图 7-32 所示。

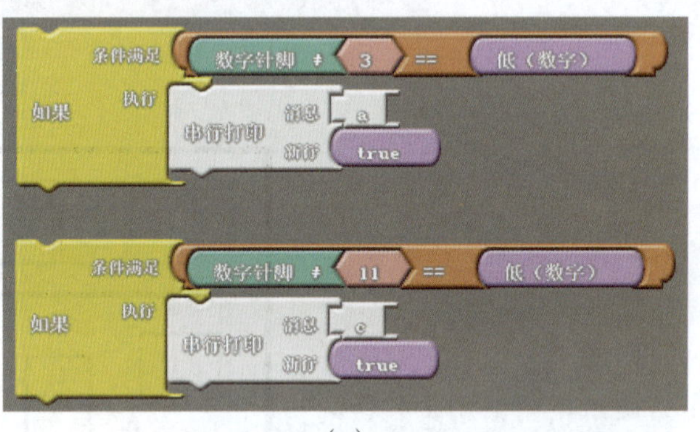

（a）

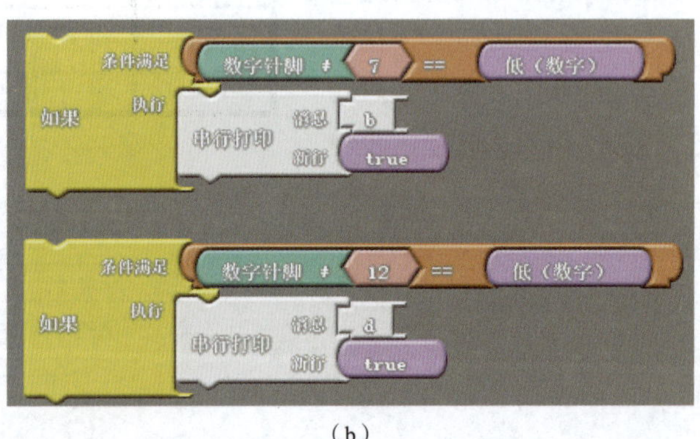

（b）

图7-32 四个红外线传感器检测和数据发送程序

（2）模式切换

为了增强程序的可读性，将迷宫机器人的四个传感器检测分为两组：左前、右前检测；左后、右后检测。由于实验要求使用同一个程序来完成检测，所以需要添加模式切换功能。模式切换程序如图 7-33 所示。

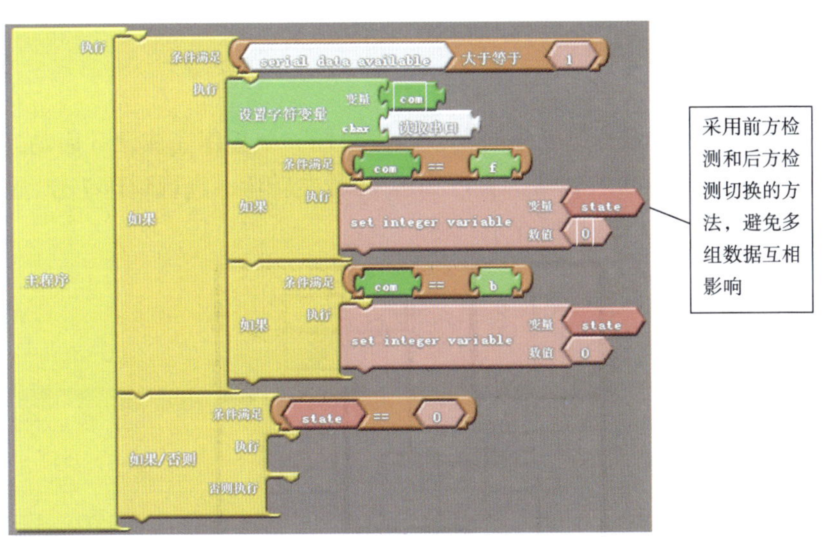

图7-33　模式切换程序

（3）组合程序

将左前、右前检测和左后、右后检测分别加入“执行”和“否则执行”中。图 7-34 所示为完整程序。

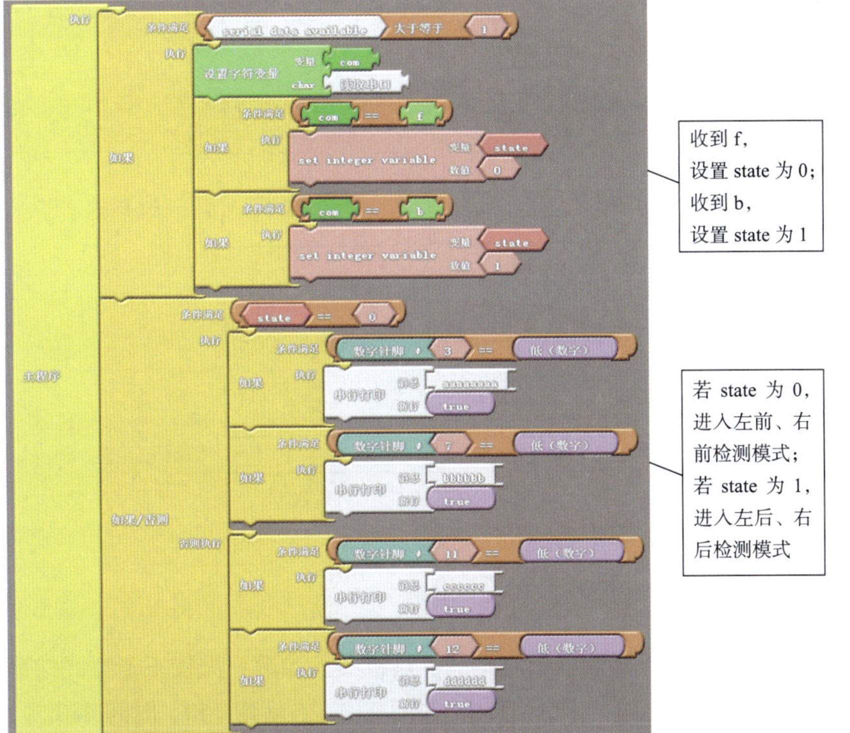

图7-34　完整程序

二、迷宫机器人综合运行

1. 控制要求

根据图 7-35 所示迷宫及运行路线，编写同一个程序完成蓝牙启动迷宫机器人，直行到达 12 号右转弯，直行到达 11 号左转弯，直行到达 7 号、9 号位置右转弯，最终到达 10 号所在单元格。

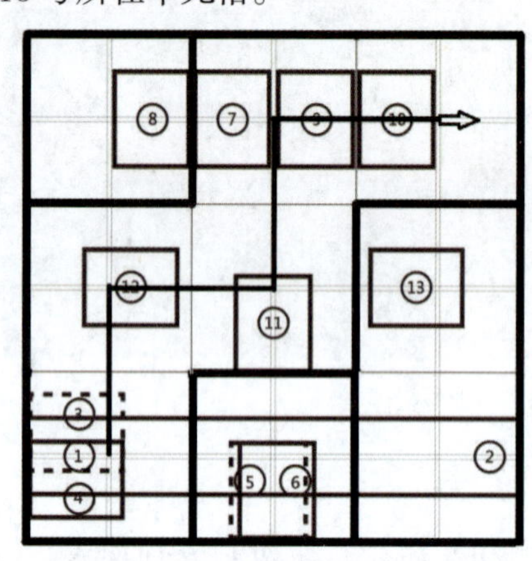

图7-35　迷宫及运行路线

2. 绘制流程图

图 7-36 所示为该程序流程图。

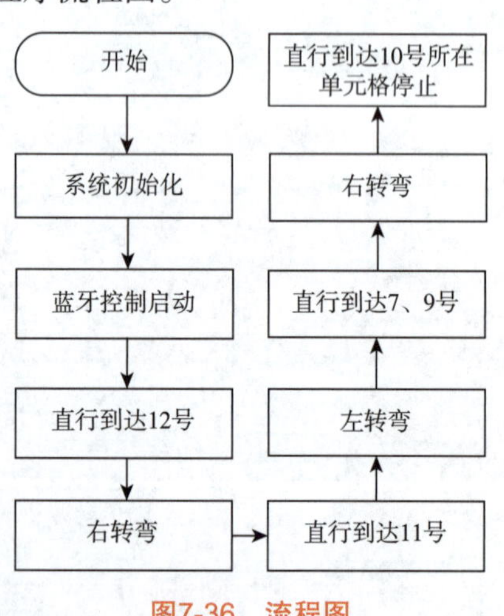

图7-36　流程图

3. 图形化编程

这里继续使用前面课程中测得的迷宫机器人参数：无校正走直线的速度左电机 150、右电机 140，左转弯 150、时间 430，右转弯 150、时间 440。

（1）蓝牙控制无校正走直线

蓝牙控制无校正走直线的程序如图 7-37 所示。

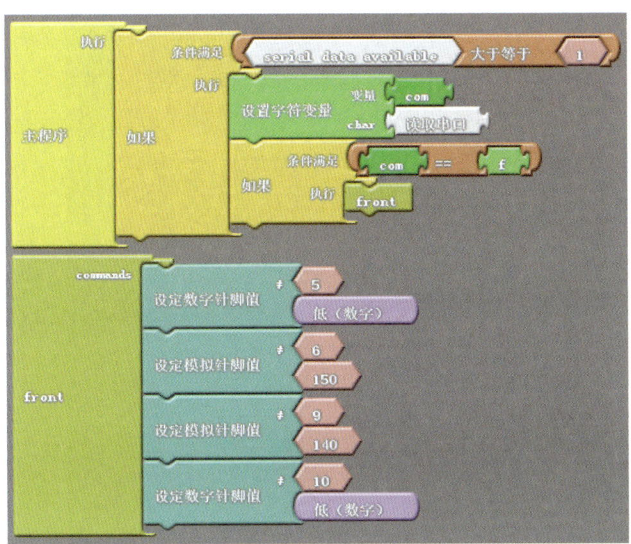

图7-37　蓝牙控制无校正走直线程序

（2）蓝牙控制迷宫机器人停止

蓝牙控制迷宫机器人停止程序如图 7-38 所示。

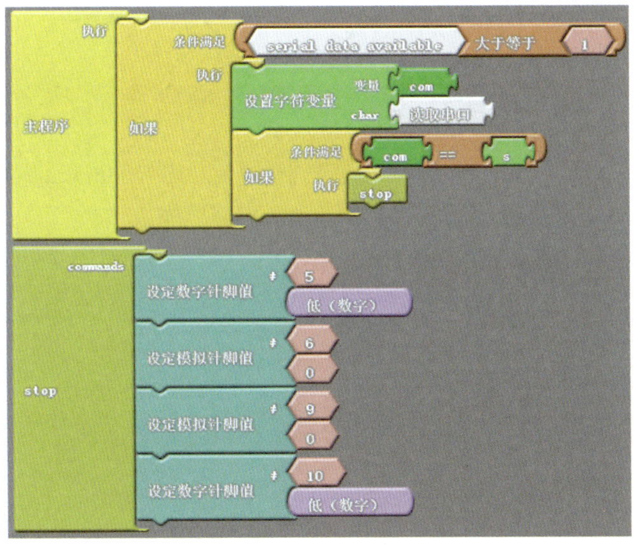

图7-38　蓝牙控制迷宫机器人停止程序

（3）蓝牙控制左、右转弯

蓝牙控制左、右转弯程序如图 7-39 所示。

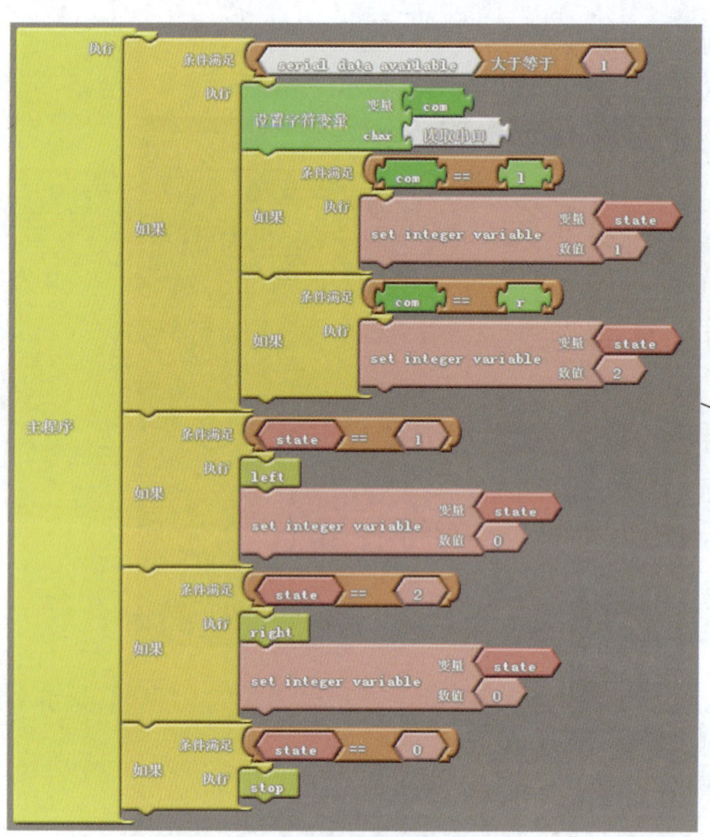

为了避免转弯角度过大，在转弯结束后强制将 state 赋值为 0，执行停止程序

（a）

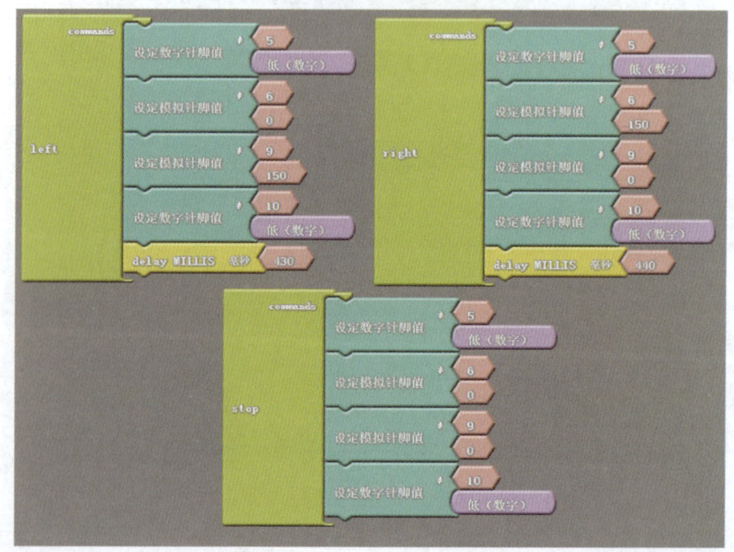

（b）

图7-39　蓝牙控制左、右转弯程序

（4）组合程序

组合程序如图 7-40 所示。

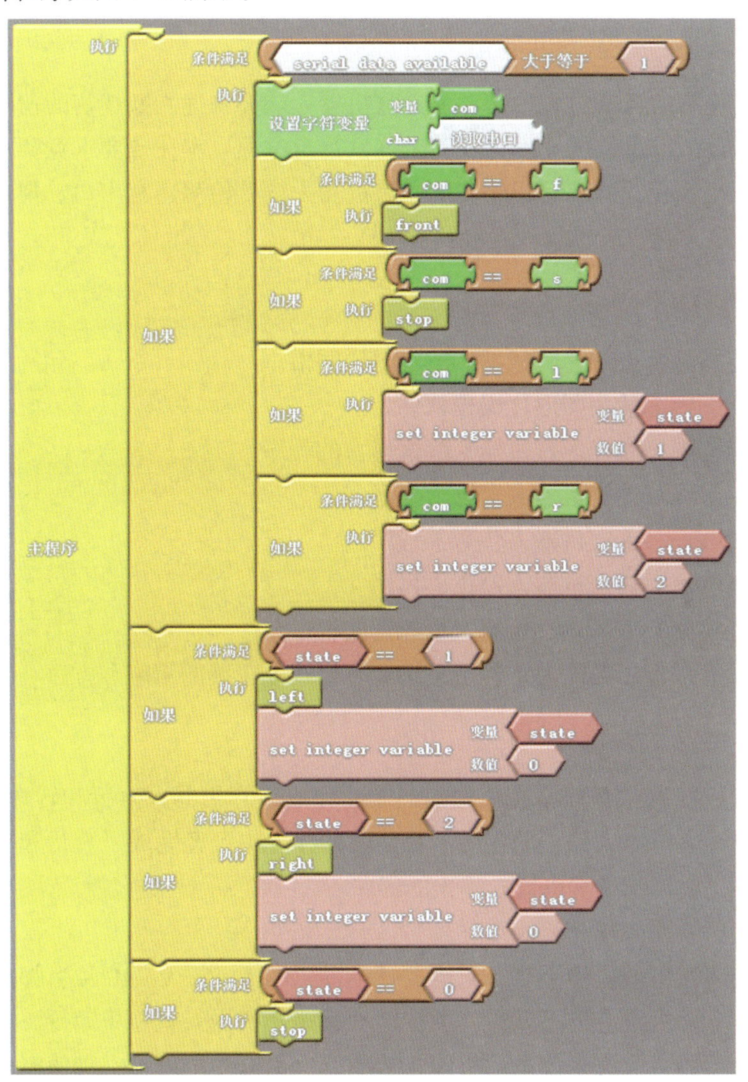

图7-40　组合程序

问题探究

1. 使用同一个程序来完成不同模式切换，可以使用什么指令？

2. 如果将迷宫机器人转弯程序中 state 赋值为 0 部分去除，观察迷宫机器人的运行姿态变化。

任务三　迷宫机器人竞赛

任务描述

在走迷宫的竞赛过程中，要求迷宫机器人能够快速判断迷宫的情况，区分是否有路口，以最快的速度完成整个迷宫行走过程。本任务要求竞赛双方熟练应用图形化编程软件编写程序实现迷宫机器人自动检测迷宫出口、规划行走路线，快速走出迷宫，取得竞赛胜利。

学习目标

① 能够熟练查阅迷宫机器人的资料说明书。
② 能够熟练使用图形化编程软件。
③ 能够熟练完成迷宫机器人探索迷宫的程序。
④ 能够编写迷宫机器人直行子程序。
⑤ 能够编写迷宫机器人转弯子程序。
⑥ 能够编写迷宫机器人停止子程序。
⑦ 能够完整编写迷宫机器人走迷宫的程序。
⑧ 具有理性思维能力，善于总结经验，选择正确的策略和方法。

相关知识

迷宫机器人竞赛程序实现之前，需要完成迷宫机器人直行和转弯的程序，以及控制迷宫机器人停止的程序。在前面的任务中已经完成了直行和转弯的程序。现在完成控制迷宫机器人停止的程序。

1. 迷宫机器人停止程序

要让迷宫机器人停下来，只需要让电动机的 5、6、9、10 号引脚都为低电平，这样电动机没有电平差，就不会转动，迷宫机器人就停止运行。在程序中既可以使用数字引脚来使电动机停止转动，也可以使用模拟引脚使电动机停止转动。

程序中使用数字引脚时，只需要让四个引脚的电平都为低电平或者都为高电平，电动机就停止转动，如图 7-41、图 7-42 所示。

程序中使用模拟引脚时，只需要让四个引脚的模拟量保持一致时，电动机就停止转动，如图 7-43 所示。

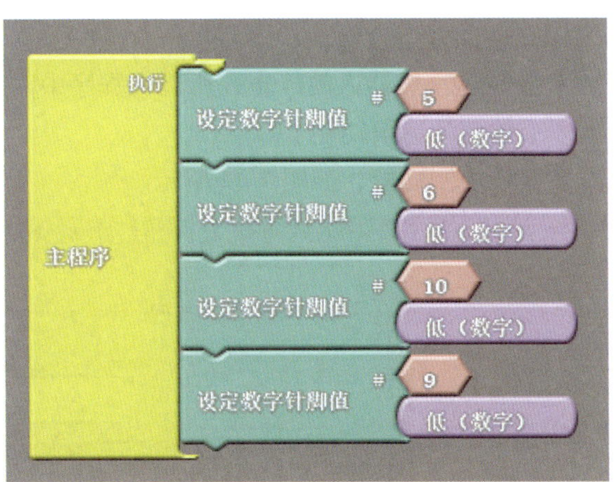

图7-41　数字引脚都为低电平

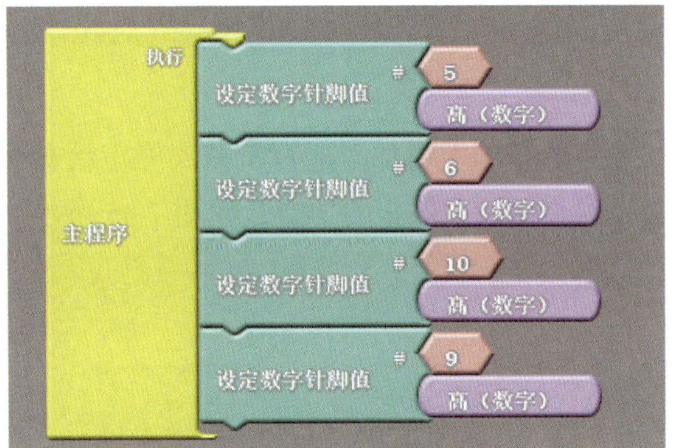

图7-42　数字引脚都为高电平

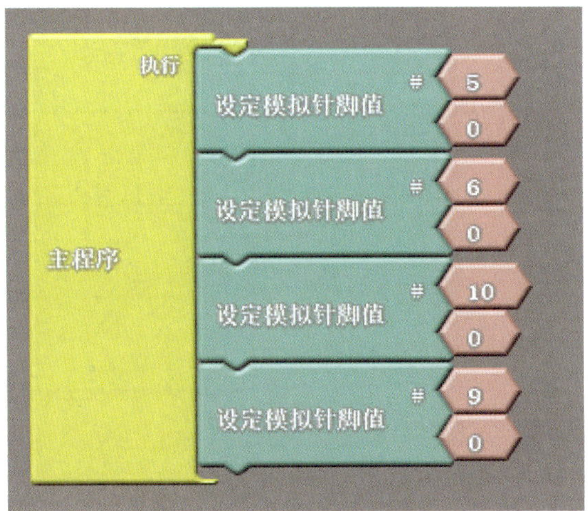

图7-43　模拟引脚的模拟量都为0

2. 迷宫机器人控制停止程序

我们使用蓝牙来控制迷宫机器人的停止，所以在程序中需要实现移动端蓝牙与迷宫机器人本体上的蓝牙通信功能。

首先，需要添加蓝牙控制功能，如图7-44所示。

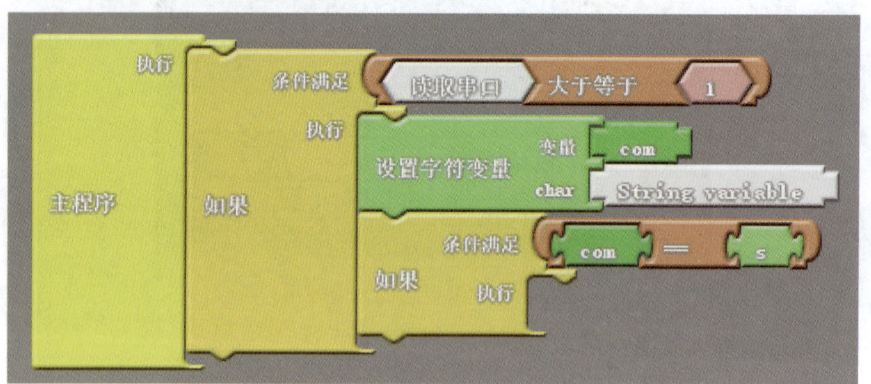

图7-44　蓝牙控制功能

其次，在控制程序的基础上再加上迷宫机器人停止状态程序，这里以四个引脚都为数字引脚为例实现控制停止的功能，如图7-45所示。

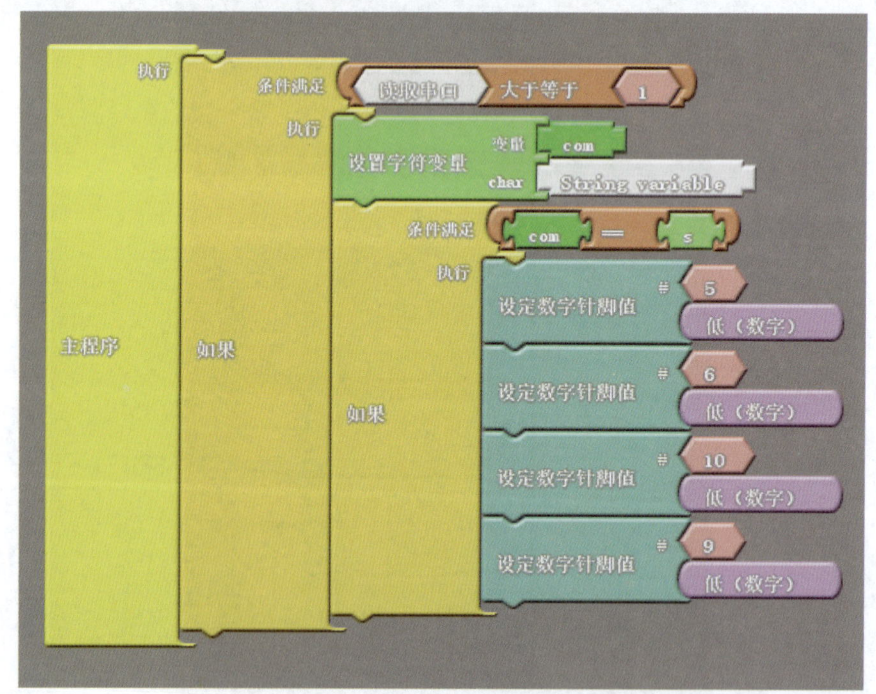

图7-45　以数字引脚为例实现控制停止功能

任务实施

一、绘制迷宫机器人走迷宫流程图

迷宫机器人走迷宫完整流程如图 7-46 所示。

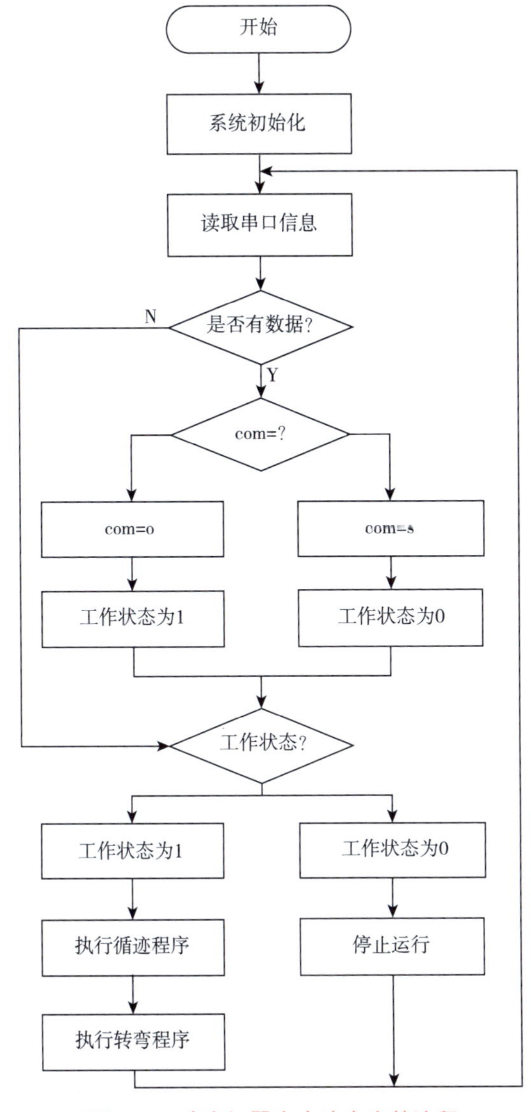

图7-46　迷宫机器人走迷宫完整流程

迷宫机器人自动转弯流程如图 7-47 所示。

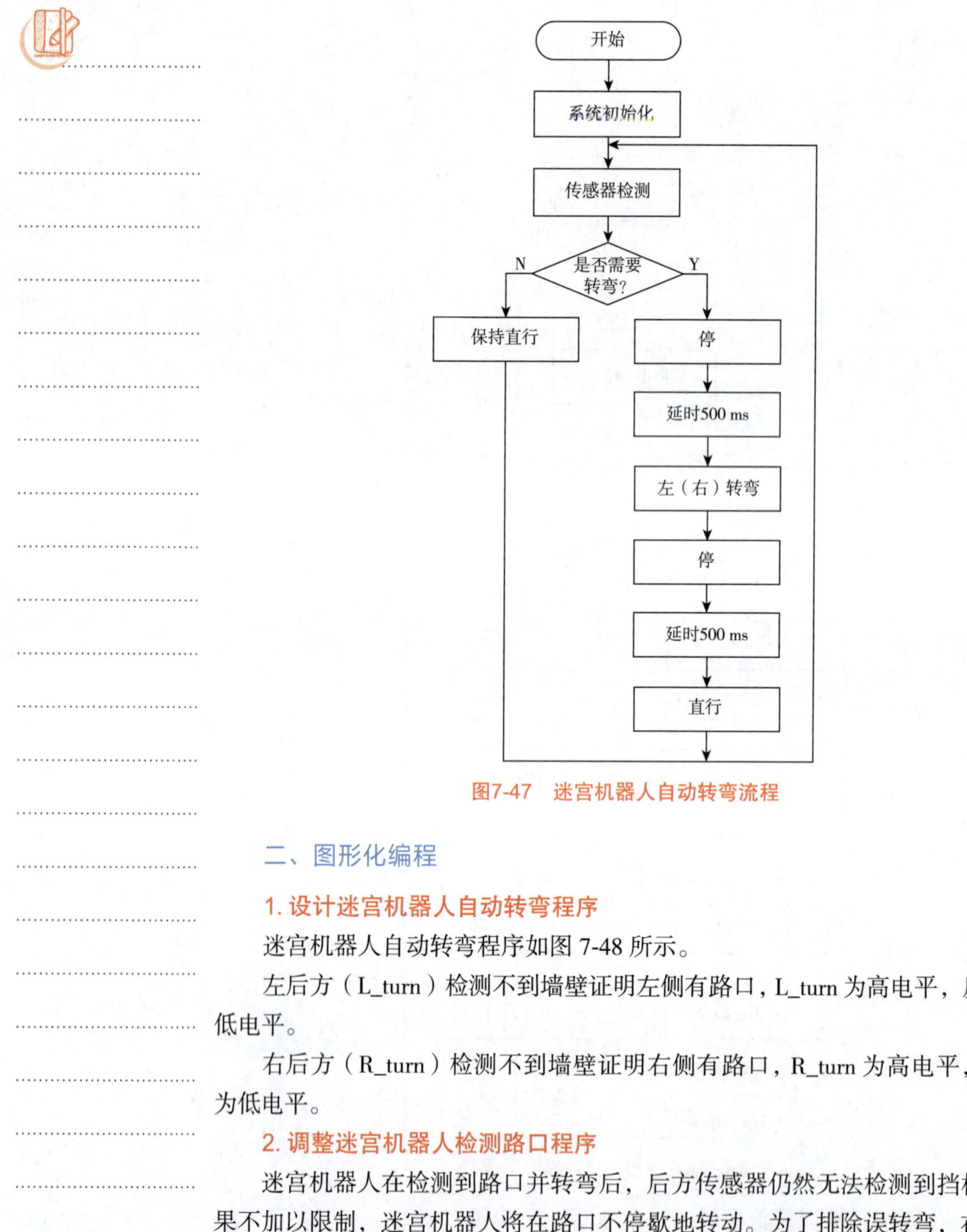

图7-47　迷宫机器人自动转弯流程

二、图形化编程

1. 设计迷宫机器人自动转弯程序

迷宫机器人自动转弯程序如图 7-48 所示。

左后方（L_turn）检测不到墙壁证明左侧有路口，L_turn 为高电平，反之为低电平。

右后方（R_turn）检测不到墙壁证明右侧有路口，R_turn 为高电平，反之为低电平。

2. 调整迷宫机器人检测路口程序

迷宫机器人在检测到路口并转弯后，后方传感器仍然无法检测到挡板，如果不加以限制，迷宫机器人将在路口不停歇地转动。为了排除误转弯，在转弯函数后增加短时间的直行函数，以 0.5 s 为宜，使迷宫机器人直行通过当前路口。同时，为了使迷宫机器人转弯更直观，修改迷宫机器人转弯程序，添加停顿程序，即检测到路口时，停止 0.5 s→转弯→停止 0.5 s→直行 0.5 s。如图 7-49 所示。

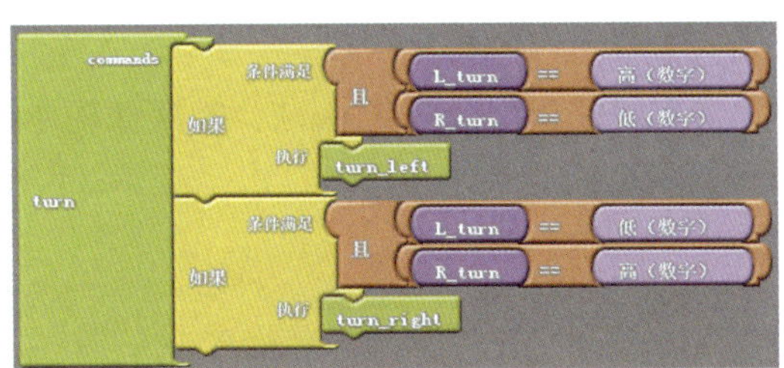

（a）

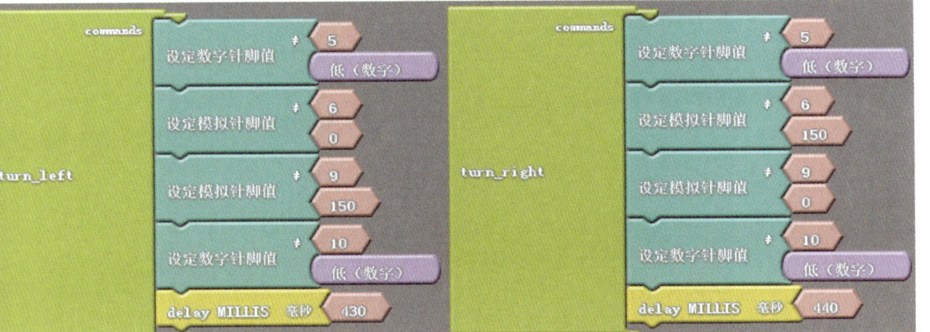

（b）

图7-48　迷宫机器人转弯程序

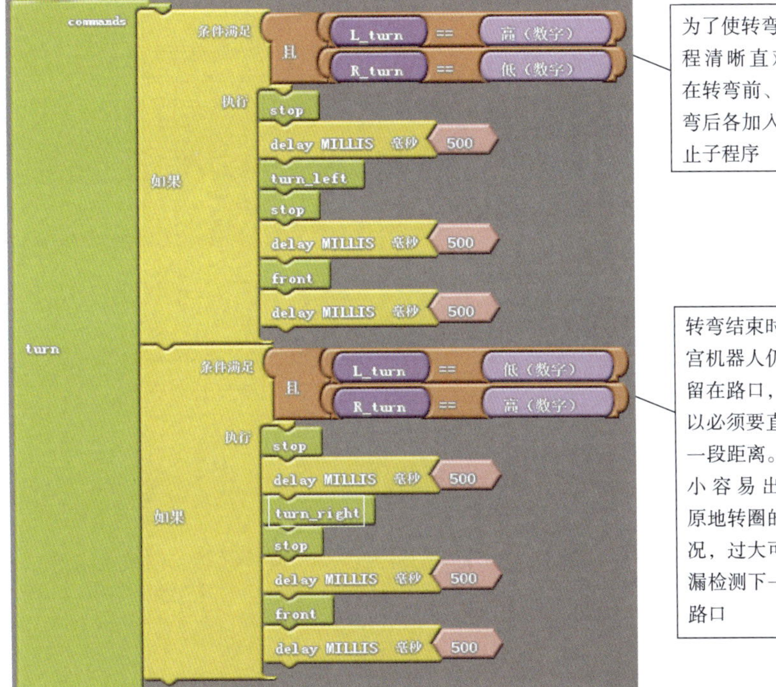

为了使转弯过程清晰直观，在转弯前、转弯后各加入停止子程序

转弯结束时迷宫机器人仍停留在路口，所以必须要直行一段距离。过小容易出现原地转圈的情况，过大可能漏检测下一个路口

图7-49　迷宫机器人转弯修正程序

3. 设计迷宫机器人走直线子程序

将迷宫机器人的走直线子程序命名为 track，程序如图 7-50 所示。

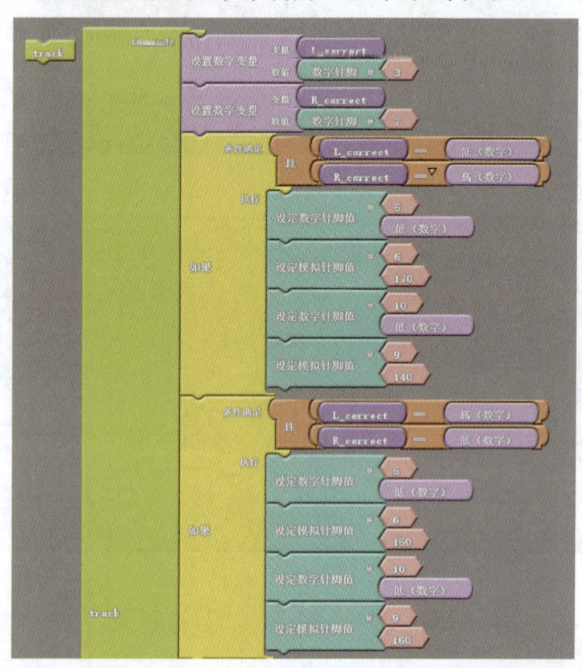

（a）

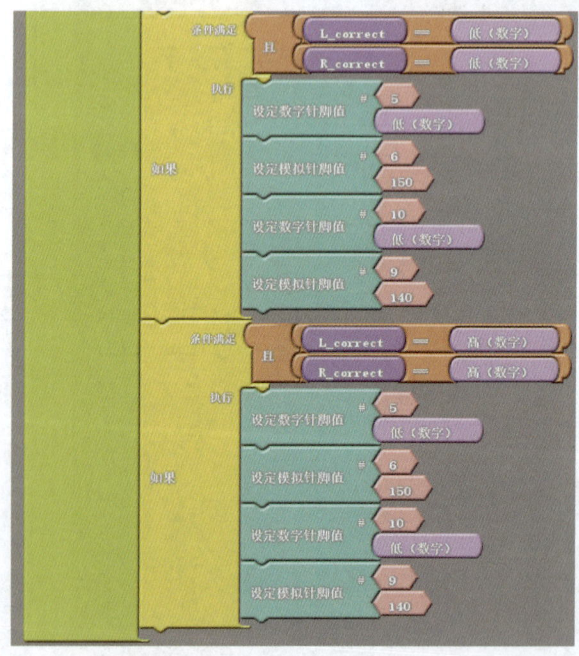

（b）

图7-50 迷宫机器人走直线子程序

至此，完成迷宫机器人的全程序，如图 7-51 所示。

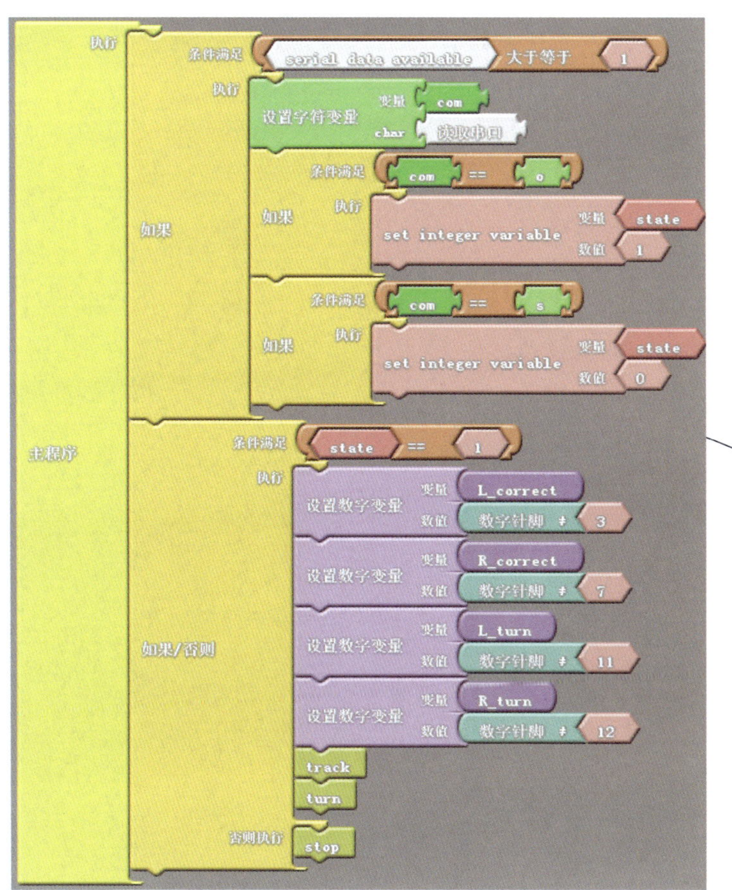

当收到 o 时，state 被设置 1，迷宫机器人传感器开始检测，根据检测结果执行循迹和转弯子程序

图7-51　迷宫机器人全程序

问题探究

1. 迷宫机器人在走迷宫竞赛时的难点是什么？
2. 如何避免迷宫机器人检测到路口后，不停旋转的情况？

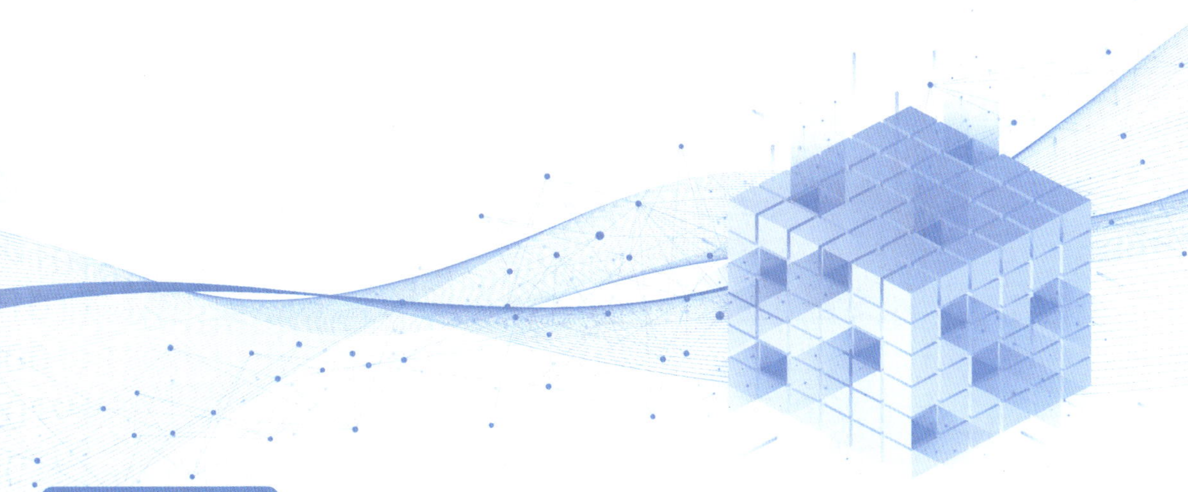

第四篇 项目拓展篇：走进创新平台虚拟仿真的世界

教学导航

教学目标	知识目标	① 迷宫机器人虚拟仿真系统的使用方法； ② VSCode平台的使用方法
	能力目标	① 能够使用VSCode平台编写Python代码； ② 能够使用虚拟仿真系统对迷宫机器人进行调试
	素质目标	① 激发创新和探索精神； ② 培养团队协作能力和竞争意识
重　　点		通过虚拟仿真系统进行迷宫机器人调试
难　　点		编写机器人控制代码和算法等程序
教学方法		① 线上+线下相结合的混合式教学方法； ② 理实一体化教学方法
建议学时		8学时
项　　目		项目八　走进创新平台虚拟仿真系统

项目八 走进创新平台虚拟仿真系统

项目引入

相对于迷宫机器人实际物理测试场地，迷宫机器人虚拟仿真系统具有成本低、安全性高、灵活性强、加速开发和测试、方便学习和教育等优势。通过使用迷宫机器人虚拟仿真系统，可以对迷宫机器人的算法进行调试和优化，尝试不同的算法和参数设置，使得迷宫机器人的模拟和评测更加便捷和高效，以找到更高效和准确的解决方案。本项目要求通过虚拟仿真系统进行迷宫机器人调试，熟练应用 VSCode 平台编写 Python 程序，实现规定的功能。

知识图谱

围绕创新平台虚拟仿真系统工作任务包含的内容，知识图谱如下：

- 项目八 走进创新平台虚拟仿真系统
  - 任务一 开启虚拟仿真系统之门
    - 虚拟仿真系统简介
    - 虚拟仿真开发环境搭建
  - 任务二 虚拟仿真系统综合调试
    - 虚拟仿真系统显示数据分析
    - 虚拟仿真系统程序调试
    - 虚拟仿真系统辅助功能介绍
    - 虚实互动

任务一 开启虚拟仿真系统之门

任务描述

熟悉 TQD-Micromouse-VS 迷宫机器人虚拟仿真系统的界面和功能，学习如何绘制标准迷宫地图，并能够运行机器人测试算法的性能和效果。

学习目标

① 会熟练查阅迷宫机器人的资料说明书。

② 会熟练对迷宫机器人进行实际调试。

③ 能够熟练使用迷宫机器人虚拟仿真系统。

④ 能够使用 VSCode 平台编写 Python 代码。

⑤ 加深学生对机器人和人工智能技术的了解和兴趣，激发创新和探索精神。

相关知识

一、虚拟仿真系统简介

TQD-Micromouse VS 是一款适用于普通教育、职业教育开展职普融通 EPIP 职业生涯规划，信息类劳动技能课程、培训、竞赛的迷宫机器人虚拟仿真系统。

本系统不受环境影响和地域限制，开放性好，部署了 2D 模型搭建、智能算法设计与验证、数据实时反馈等功能，适用于青少年入门级控制算法的学习与设计。支持左手算法、右手算法、中心算法和洪水算法，可以轻松实现标准虚拟迷宫的搜索和最短路径的优化。系统资料文件夹如图 8-1 所示。

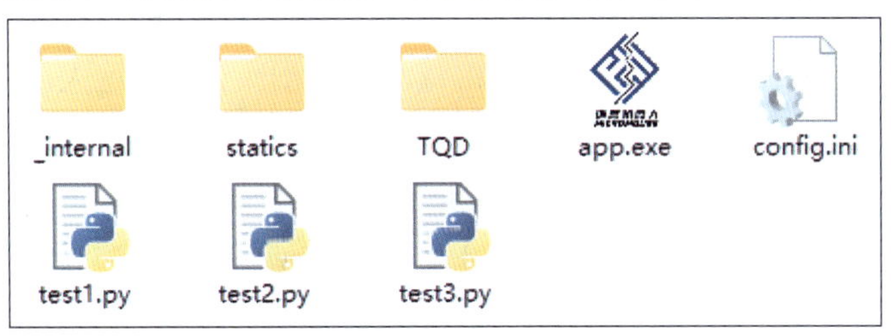

图8-1　系统资料文件夹

① app.exe：系统启动文件，双击即可打开迷宫机器人虚拟仿真系统。

② **.py：系统运行临时文件，用于保存用户代码，共三个，其中 test1.py 对应题目一，test2.py 对应题目二，test3.py 对应题目三。

③ TQD 目录：TQD 迷宫描述文件目录，用于制作 2D 迷宫，可以根据需要进行修改。

二、虚拟仿真开发环境搭建

TQD-Micromouse VS 迷宫机器人虚拟仿真系统使用 Python 作为开发语言，具有代码编辑功能，可以直接开发。同时，用户还可以通过外部软件编辑代码，再将代码导入系统中运行。

1.Python 开发环境

Python 开源免费，用户可以到 Python 官网直接下载并安装，软件标识如图 8-2 所示。

图8-2　Python

Python 是一种跨平台的计算机程序设计语言，是面向对象、解释型、动态数据类型的高级语言，可用于 Windows、Linux 和 Mac 平台。

Python 语法简单，使用方便，即使非软件专业的初学者也很容易上手，越来越多的人开始使用 Python 进行软件开发。相对于其他编程语言，Python 有以下几个优点：

① 开源免费：使用 Python 进行开发或者发布程序不需要支付任何费用，也不用担心版权问题，即使作为商业用途，Python 也是免费的。

② 语法简单：相比较 C/C++、C#、VB、Java 等语言，Python 对代码格式的要求较低，编写程序时不需要过分注重细节。

③ 语言高级：Python 是对 C 语言的封装，屏蔽了很多底层细节，如自动管理内存，需要时自动分配，不需要时自动释放。

④ 移植性好：可应用于多个平台。

⑤ Python 是面向对象的编程语言，具有面向对象的继承、多态、封装等特性。

⑥ 扩展性强：有广泛的扩展库，可以帮助用户完成各种各样的程序。覆盖了文件 I/O、数值计算、GUI 编程、网络编程、数据库访问等绝大部分应用场景。

2.VSCode 平台

编写 Python 代码，有多种编辑器可供选择，推荐使用 VSCode。

Visual Studio Code（简称 VSCode）是由微软研发的一款免费、开源的跨平台代码编辑器，是目前使用最多的一款开发工具。VSCode 界面如图 8-3 所示。

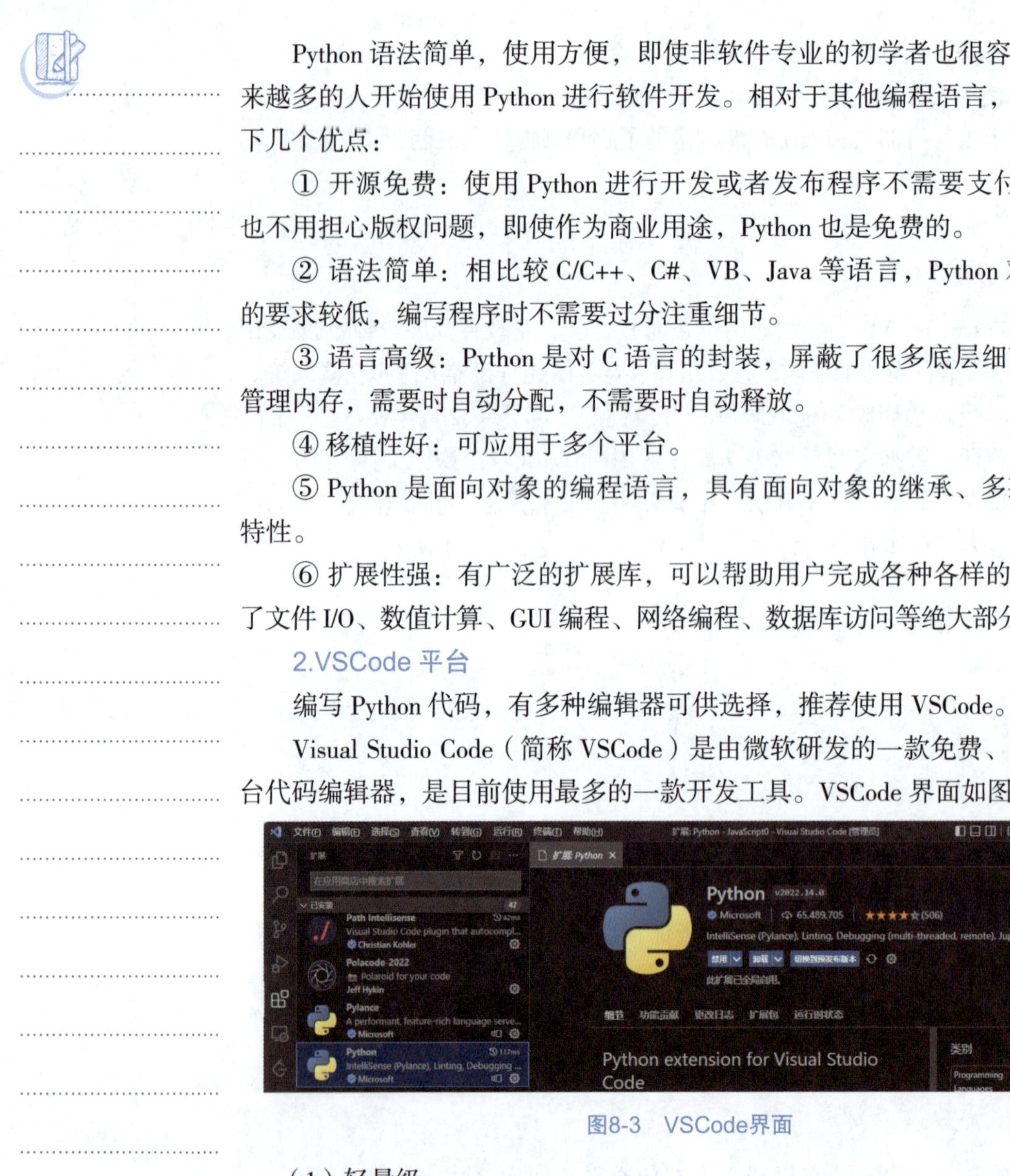

图8-3　VSCode界面

（1）轻量级

VSCode 是一款轻量级的编辑器，安装包小，且启动速度快，可以提高用户体验。

（2）插件丰富

VSCode 拥有丰富的插件系统，可以编辑 HTML、CSS、JS、TS、Vue、React 等前端代码和 Java、Python 等后端代码。

（3）语法高亮和智能提示

会对关键字、定义等高亮显示，还会根据用户的输入提供建议，自动补全等。

任务实施

虚拟仿真系统的基本操作：

本系统需要在 Windows 系统中运行，系统要求见表 8-1。

表8-1　计算机配置

CPU	I7 12 代以上
内存	8 GB 以上
硬盘	固态，250 GB 以上
系统	Windows10 或 Windows11

1. 系统登录操作

双击 app.exe，打开登录窗口，输入账号和密码即可启动虚拟仿真系统，如图 8-4 所示。

图8-4　登录窗口

2. 系统主界面操作

在登录窗口输入正确的账号密码，即可打开虚拟仿真系统主界面，如图 8-5 所示。

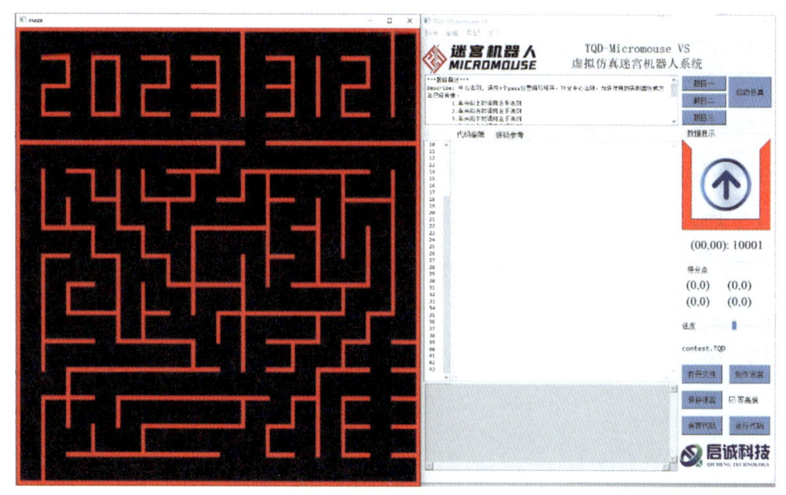

图8-5　虚拟仿真系统主界面

相关功能说明如下：

① 单击题目按钮，可以切换题目。

② 单击“启动仿真”按钮，可以打开虚实互动界面。

③ 拖动“速度”滑块，可以调节仿真运行的速度。

④ 单击“打开文件”按钮，加载一个 TQD 迷宫描述文件。

⑤ 单击“制作迷宫”按钮，将加载的 TQD 迷宫描述文件制作成 2D 迷宫。

⑥ 单击“保存迷宫”按钮，可以将制作的 2D 迷宫保存为图片。

⑦ 勾选“等高值”复选框，控制在仿真运行时是否显示等高值。

⑧ 单击“保存代码”按钮，将代码编辑区的代码保存到 **.py 文件中。

⑨ 单击“运行代码”按钮，将启动仿真运行。

问题探究

通过操作虚拟仿真系统，自行绘制迷宫地图，并说明设计意图。

任务二　虚拟仿真系统综合调试

任务描述

本任务要求参赛队员使用 TQD-Micromouse-VS 迷宫机器人虚拟仿真系统，完成系统提供的三道题目的作答，实现迷宫机器人自动地检测迷宫出口、规划行走路线，快速走出迷宫，取得竞赛胜利。

学习目标

① 能够熟练查阅迷宫机器人的资料说明书。

② 能够熟练使用迷宫机器人虚拟仿真系统。

③ 能够使用 VSCode 平台编写 Python 代码。

④ 通过虚拟仿真操作，深入理解机器人迷宫问题的原理和方法，提高应用实际场景中解决相关问题的能力。

⑤ 能够编写机器人控制代码和算法等程序，对机器人传感器和动作控制进行编程配置。

⑥ 培养团队协作能力和竞争意识。

相关知识

一、虚拟仿真开发使用

1. 数据显示

虚拟仿真系统提供数据实时反馈功能，功能界面如图 8-6 所示。迷宫机器人在运行过程中，所有数据均动态可视化，方便用户进行数据分析。

1

(00,00): 10001

2

图8-6　数据显示

（1）朝向和墙壁

箭头表示迷宫机器人的车头朝向，四条框线表示当前机器人四周的墙壁言息，深色表示有墙，白色表示无墙。车头朝向是算法程序设计的重要元素之一，可辅助参赛者掌握迷宫机器人的转向变化。墙壁有无的动态显示，可辅助参赛者了解迷宫机器人逻辑是否正确。

（2）坐标和墙壁

冒号“：”之前是迷宫机器人坐标，之后是墙壁资料。坐标显示当前迷宫机器人在迷宫中的位置。墙壁资料，五个数字中第一个数字表示是否是第一次行走，后四个数字分别对应左、下、右和上四个方向的墙壁有无，1 表示该方向有路，0 表示该方向没有路。墙壁资料可以作为 1 中显示的验证。坐标的实时显示，辅助参赛者验证迷宫机器人是否发生坐标计算错误。

2. 程序调试

仿真系统集成了程序调试功能，功能界面如图 8-7 所示。可以对代码进行实时编写、错误排查等操作。

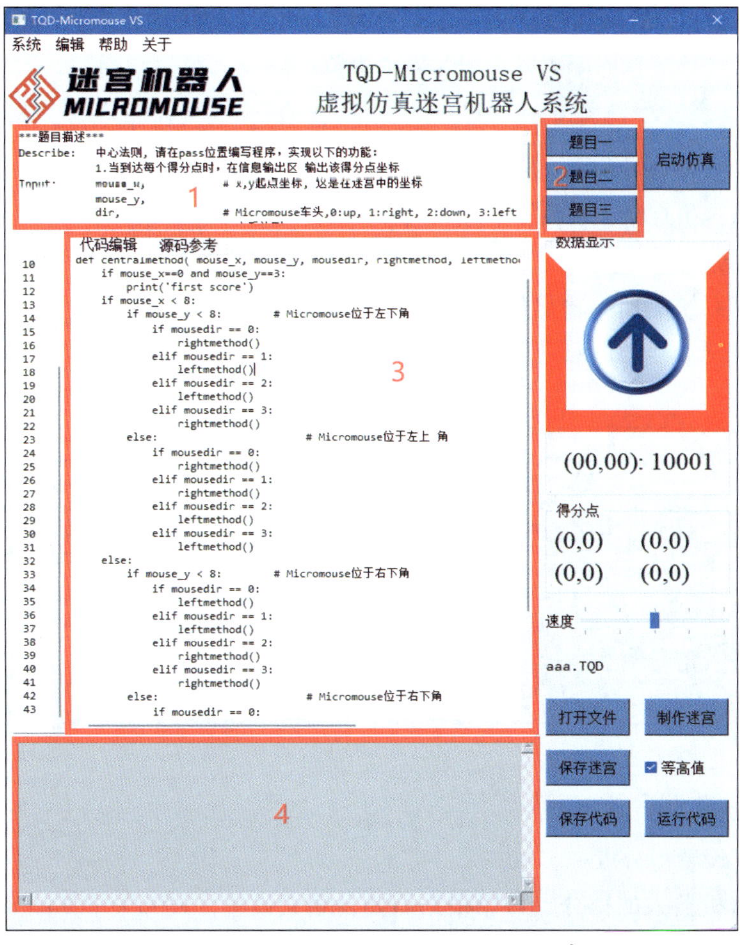

图8-7　系统主界面

（1）题目描述区

在竞赛时会在线获取竞赛题目。参赛选手需要根据题目要求进行程序编写。

（2）题目选择区

题目一、题目二和题目三相互独立。

单击“题目一”，题目描述区显示第一题，代码编辑区编写的代码会保存在 test1.py 中。

单击“题目二”，题目描述区显示第二题，代码编辑区编写的代码会保存在 test2.py 中。

单击“题目三”，题目描述区显示第三题，代码编辑区编写的代码会保存在 test3.py 中。

（3）代码编辑区

仿真系统内部集成了全套的源码，可以直接进行仿真运行。当需要进行功能优化时，只需要在代码编辑区定义与源码中相同名字的函数，即可实现覆盖。

例如，在“代码编辑区”定义如下函数：

```
def crosswaychoice(rightmethod, leftmethod, frontrightmethod,
frontleftmethod, centralmethod):
    leftmethod()
```

当运行仿真时，将执行 leftmethod() 函数。

（4）终端显示区

仿真系统的所有输出信息，如 print() 函数、日志以及错误信息，都将显示在该区域，辅助用户进行问题追踪和错误排查。图 8-8 所示为一个显示错误的示例。

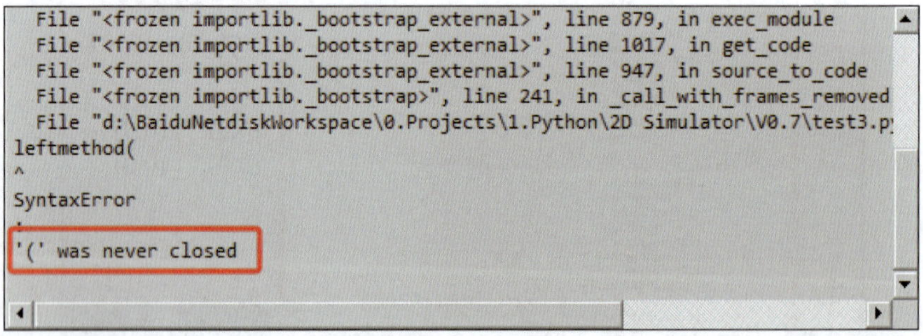

```
  File "<frozen importlib._bootstrap_external>", line 879, in exec_module
  File "<frozen importlib._bootstrap_external>", line 1017, in get_code
  File "<frozen importlib._bootstrap_external>", line 947, in source_to_code
  File "<frozen importlib._bootstrap>", line 241, in _call_with_frames_removed
  File "d:\BaiduNetdiskWorkspace\0.Projects\1.Python\2D Simulator\V0.7\test3.py
leftmethod(
^
SyntaxError
:
'(' was never closed
```

图8-8 错误示例

3. 辅助功能

（1）设置得分点

迷宫机器人的得分点可以根据需要自定义设置，设置菜单如图 8-9 所示。由于不同比赛中每个得分点的分值也不相同，所以得分点的分数不会自动计算

到成绩中，需要操作员按照比赛规则和时间进行手动计算。得分点设置界面如图 8–10 所示。

图8-9　得分点设置菜单

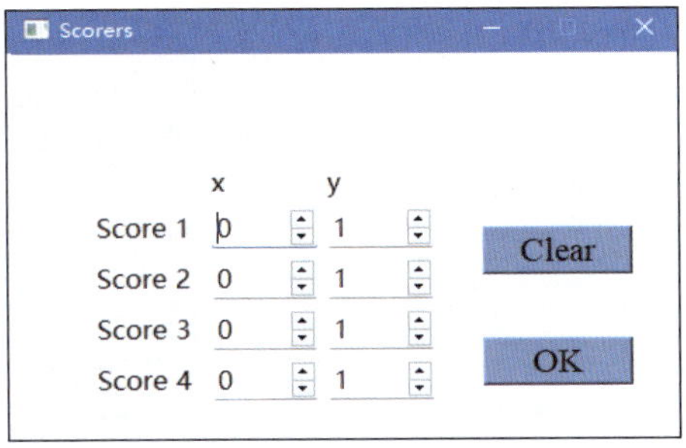

图8-10　得分点设置界面

得分点设置功能最多支持设置四个得分点，得分点设置完毕后主窗口中会同步显示，如图 8-11 所示。当迷宫机器人经过某个得分点时，该坐标就会在主界面中高亮显示。

（2）加载源码

仿真系统对底层驱动和顶层逻辑算法进行了封装，用户可以通过选择“加载源码”命令，将源码加载进来，如图 8–12 所示。

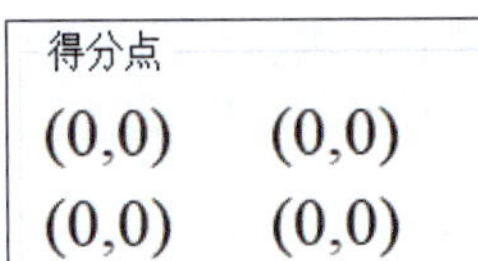

图8-11　主窗口得分点

图8-12　加载源码

加载成功后，可以在主界面的“源码参考”中双击函数名（见图 8-13）查看程序源码，如图 8-14 所示。

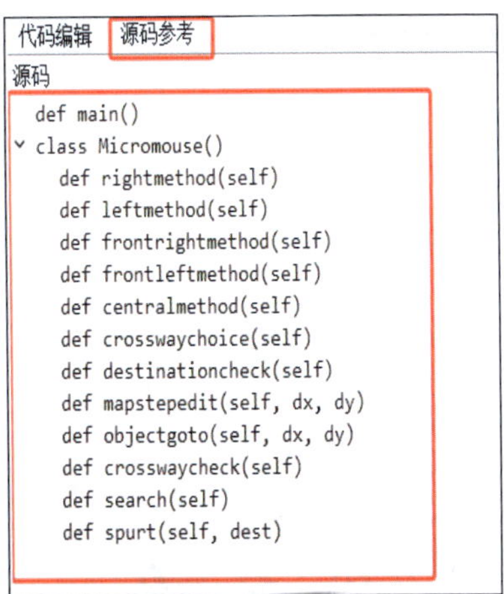

图8-13　源码参考

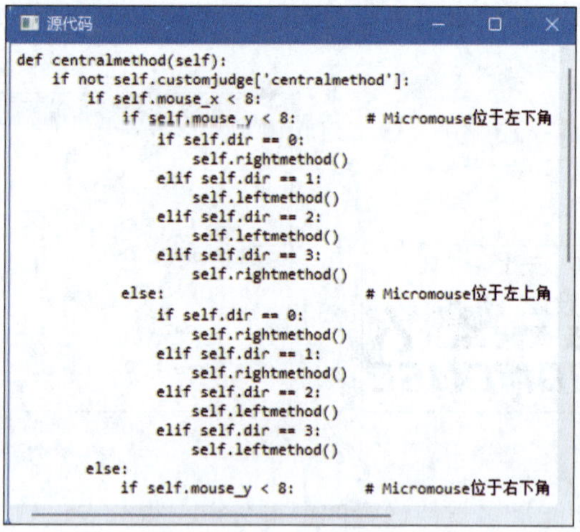

```
def centralmethod(self):
    if not self.customjudge['centralmethod']:
        if self.mouse_x < 8:
            if self.mouse_y < 8:          # Micromouse位于左下角
                if self.dir == 0:
                    self.rightmethod()
                elif self.dir == 1:
                    self.leftmethod()
                elif self.dir == 2:
                    self.leftmethod()
                elif self.dir == 3:
                    self.rightmethod()
            else:                         # Micromouse位于左上角
                if self.dir == 0:
                    self.rightmethod()
                elif self.dir == 1:
                    self.rightmethod()
                elif self.dir == 2:
                    self.leftmethod()
                elif self.dir == 3:
                    self.leftmethod()
        else:
            if self.mouse_y < 8:          # Micromouse位于右下角
```

图8-14 源代码

4. 虚实互动

单击“启动仿真”按钮，可以打开虚实互动界面，与 TQD-Micromouse JQ系列迷宫机器人进行互动，如图 8-15 所示。

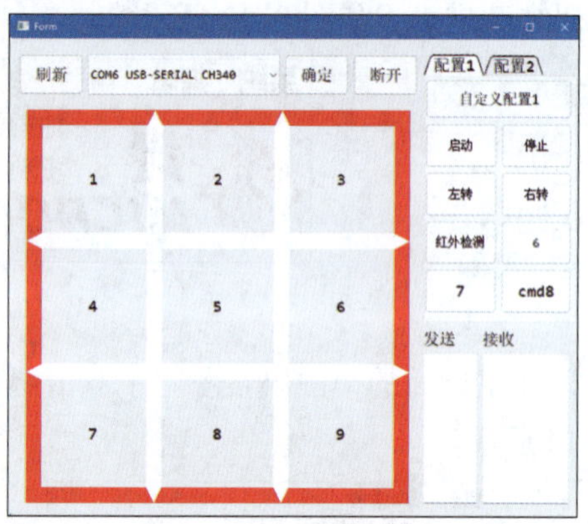

图8-15 虚实互动界面

（1）设备连接

进行虚实互动，首先需要连接串口，将接收器插到计算机上，如图 8-16所示。

图8-16 插入接收器

接收器共有三个指示灯，靠近 USB 插头的蓝色灯 1、中部的红色灯 2 和位于尾部的蓝色灯 3。灯 1 常亮，表示接收器正确连接到计算机上；灯 2 和灯 3 是连接状态指示灯，快速闪烁时表示未配对；慢速闪烁时表示已配对，但未连接；常亮时表示已连接。

接收器出厂时均经过调试，会自动和用户 JQ 迷宫机器人建立连接。等待灯 2 和灯 3 常亮后，再开始后续操作。

（2）设备配置 1

“配置 1”选项卡用于进行单步调试，如启动、停止、左转圈、右转圈和红外检测。

单击“自定义配置 1”按钮进行命令配置，默认命令如图 8-17 所示。

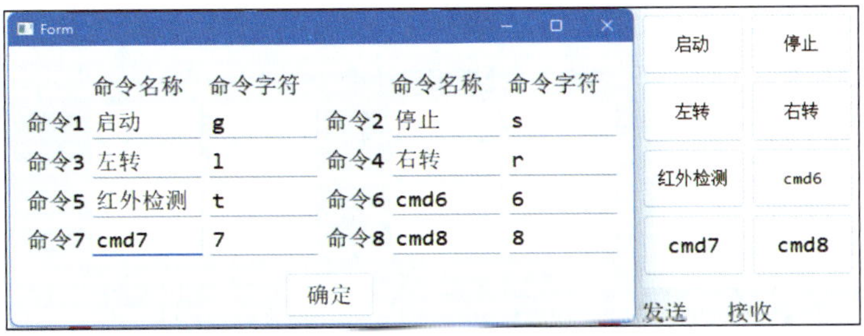

图8-17　设备配置1

修改命令名称后，虚实互动界面中将同步显示各个命令名称，单击命令按钮后将向 JQ 迷宫机器人发送对应的命令。用户需要在 JQ 迷宫机器人程序中完成对相应命令的处理。处理方式见表 8-2。

表8-2　处理相应命令（一）

命　令	处 理 方 式
g，go 首字母	启动，左右电机均向前转动
s，stop 首字母	停止，左右电机均停止转动
l，left 首字母	左转圈，控制左右电机实现左转圈
r，right 首字母	右转圈，控制左右电机实现右转圈
t，test 首字母	红外检测，JQ 程序中必须回传 paths:**

注：表 8-1 中星号表示墙壁资料。左墙右墙，paths:00；左墙右路，paths:01；左路右墙，paths:10；左路右路，paths:11。

（3）设备配置 2

配置 2 选项卡用于进行整体调试，包括直行和转弯。

单击“自定义配置 2”按钮进行命令配置，默认命令如图 8-18 所示。

	命令名称	命令字符		命令名称	命令字符
命令1	启动	g	命令2	停止	s
命令3	左轮+	a	命令4	左轮-	b
命令5	右轮+	c	命令6	右轮-	d
命令7	转弯+	e	命令8	转弯-	f

确定

启动 停止 左轮+ 左轮- 右轮+ 右轮- 转弯+ 转弯- 发送 接收

图8-18 设备配置2

修改命令名称后，虚实互动界面中将同步显示各个命令名称，单击命令按钮后将向 JQ 迷宫机器人发送对应的命令。用户需要在 JQ 迷宫机器人程序中完成对相应命令的处理。处理方式见表 8-3。

表8-3 处理相应命令（二）

命 令	处理方式
g，go 首字母	启动，左右电机均向前转动
s，stop 首字母	停止，左右电机均停止转动
a	增加左电机 PWM
b	减小左电机 PWM
c	增加右电机 PWM
d	减小左电机 PWM
e	增加转弯角度，即增加转弯持续时间
f	减小转弯角度，即减小转弯持续时间

任务实施

样题示例：三道题的得分点相同，坐标如下：

(0，3)

(1，11)

(10，3)

(11，10)

请提前在系统中设置得分点，如图 8-19 所示。

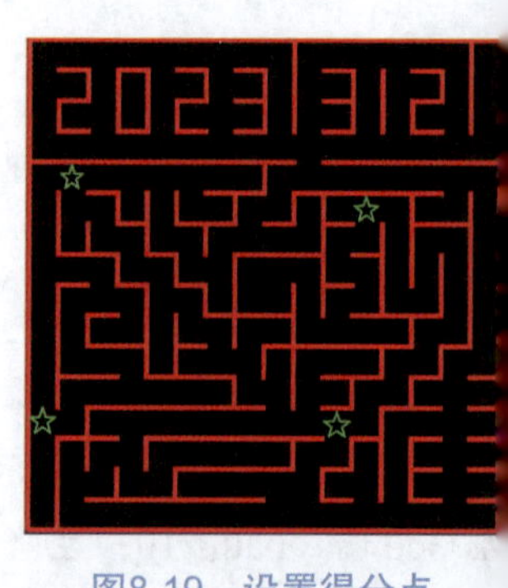

图8-19 设置得分点

1. 实现第一题功能要求

请在中心法则中的 pass 位置编写程序，当到达每个得分点时，在信息输出区输出该得分点坐标。

输入的参数和输出的要求，见表 8-4。

表8-4　输入的参数和输出的要求（一）

输入	mouse_x	x 起点坐标，这是在迷宫中的坐标
	mouse_y	y 起点坐标，这是在迷宫中的坐标
	dir	Micromouse 车头，0:up, 1:right, 2:down, 3:left
	rightmethod	右手法则
	leftmethod	左手法则
	frontrightmethod	中右法则
	frontleftmethod	中左法则
输出	None	

程序参考：

```
...
    if mouse_x==0 and mouse_y==3:
        print('first score')
    if mouse_x==1 and mouse_y==11:
        print('second score')
    if mouse_x==10 and mouse_y==3:
        print('third score')
    if mouse_x==11 and mouse_y==10:
        print('fourth score')
...
```

第一题实现结果如图 8-20 所示。

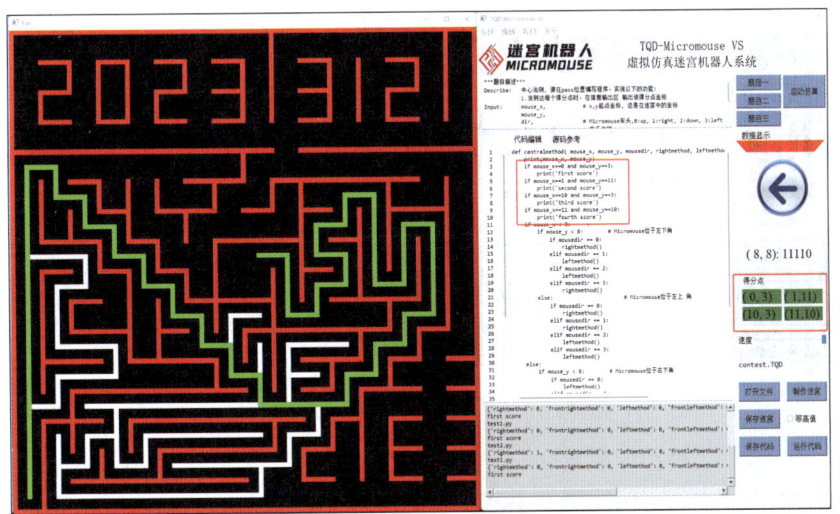

图8-20　第一题实现结果

2. 实现第二题功能要求

请在左手法则中“**”位置补全程序。输入的参数和输出的要求见表8-5。

表8-5 输入的参数和输出的要求（二）

输入	dir	Micromouse 车头。0:up；1:right；2:down；3:left
	abs_to_rel	获取单元格的四面墙壁信息
	turnright	右转弯
	turnleft	左转弯
	mapblock	墙壁资料
	mouse_x	x, 起点坐标，这是在迷宫中的坐标
	mouse_y	y 起点坐标，这是在迷宫中的坐标
输出	None	

程序参考：

```
def rightmethod(mousedir, abs_to_rel, turnright, turnleft,
mapblock, mouse_x, mouse_y):
    frontpath, rightpath, backpath, leftpath=abs_to_rel()
...
```

第二题实现结果如图8-21所示。

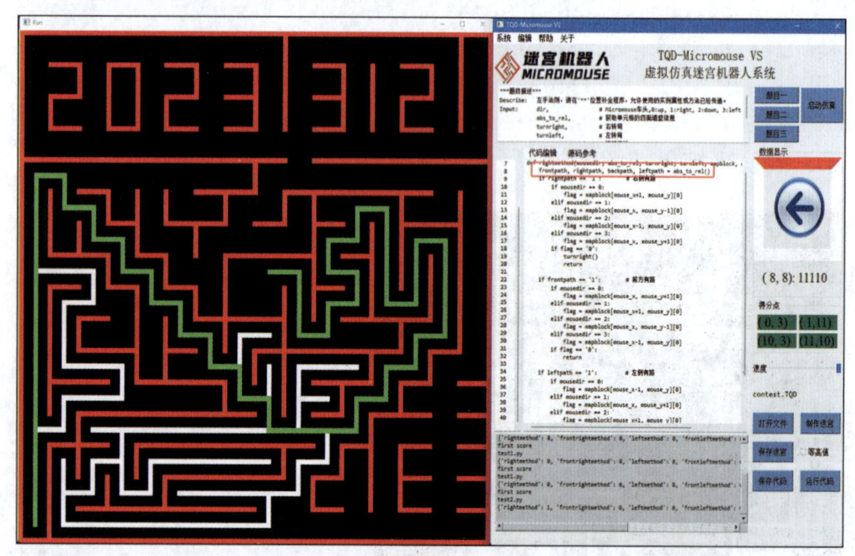

图8-21 第二题实现结果

3. 实现第三题功能要求

请编写程序，实现使用左手法则运行程序，函数命名为 crosswaychoice。输入的参数和输出的要求见表8-6。

表8-6　输入的参数和输出的要求（三）

输入	rightmethod	右手法则
	leftmethod	左手法则
	frontrightmethod	中右法则
	frontleftmethod	中左法则
	centralmethod	中心法则
输出	None	

程序参考：

```
def crosswaychoice(rightmethod, leftmethod, frontrightmethod,
frontleftmethod, centralmethod):
    leftmethod()
```

第三题实现结果如图 8-22 所示。

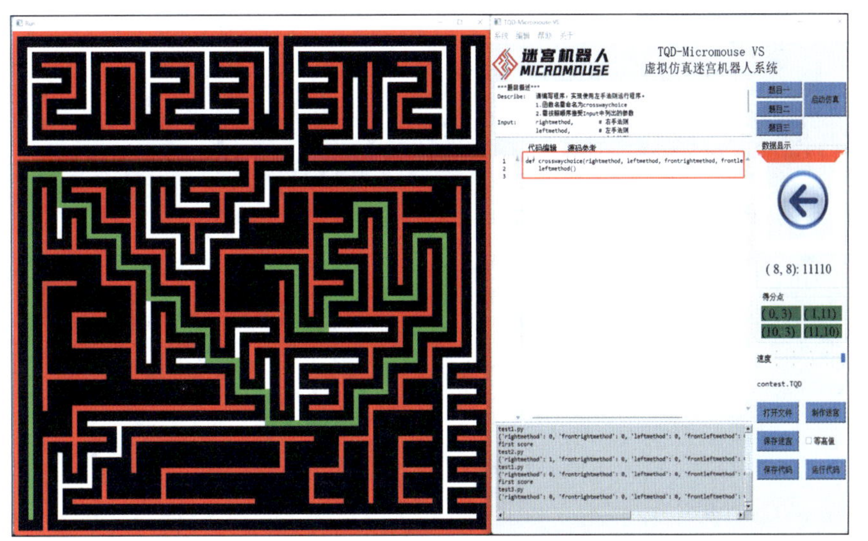

图8-22　第三题实现结果

附　录

附录A　TQD-AIOT小创客大智慧工程实践创新课程平台器件清单

序　号	名　称	型号/规格	用　途	数　量
1	小创客大智慧实验平台	TQD-AIOT-EP	实验平台，容纳实验模块进行实验	1
2	控制模块	TQD-AIOT-CPU	处理器模块，处理实验数据	1
3	蓝牙模块	TQD-AIOT-BT	收发蓝牙数据	1
4	液晶模块	TQD-AIOT-LCD	显示数据	1
5	单色 LED Ⅰ	TQD-AIOT-LED Ⅰ	单色发光小灯	1
6	单色 LED Ⅱ	TQD-AIOT-LED Ⅱ	单色可调亮度发光小灯	1
7	按键模块	TQD-AIOT-KEY	按键开关，控制电路的通、断	1
8	三色 LED	TQD-AIOT-Tricolor	红、绿、蓝三色发光小灯	1
9	光敏模块	TQD-AIOT-LS	亮度检测单元，检测环境光强度	1
10	电位器模块	TQD-AIOT-PM	通过旋钮调节输出的电阻大小	1
11	超声波模块	TQD-AIOT-US	超声波探测障碍物距离	1
12	有源蜂鸣器	TQD-AIOT-Buzzer Ⅰ	内置振荡源，有信号即可发声	1
13	无源蜂鸣器	TQD-AIOT-Buzzer Ⅱ	没有振荡源，需要 PWM 波驱动	1
14	红外对射	TQD-AIOT-Infrared Ⅰ	红外发射和接收组成，用作检测开关	1
15	人体红外	TQD-AIOT-Infrared Ⅱ	被动式红外检测，用作检测开关	1
16	振动模块	TQD-AIOT-Shock	检测是否发生振动	1
17	风扇模块	TQD-AIOT-Fan	由电机带动扇叶，可实现正转和反转	1
18	温度模块	TQD-AIOT-Tem	温度检测单元，检测环境温度	1
19	流水灯模块	TQD-AIOT-LED Ⅲ	6 组 LED，用于模拟灯光“流动”	1
20	点阵模块	TQD-AIOT-LED Ⅳ	8×8LED，显示文字、数据或图形	1
21	语音识别模块	TQD-AIOT-Voice Ⅰ	识别语音信号，输出数据	1
22	MP3 播放模块	TQD-AIOT-MP3	播放 TF 内存卡中的音乐文件	1
23	声控模块	TQD-AIOT-Voice Ⅱ	检测声音大小，用作检测开关	1
24	水滴模块	TQD-AIOT-WD	检测面板湿度大小，用作检测开关	1
25	舵机模块	TQD-AIOT-SE	执行处理器信号，转动一定的角度	1

附录B　TQD-Micromouse JQ迷宫机器人器件清单

序　　号	名　　称	型　　号	物品属性	数　　量	单　　位
1	车体电路板	TQD-Micromouse JQ	主机组件	1	块
2	车体外壳	TQD-Micromouse Shell	主机组件	1	个
3	电机	TQD-Micromouse Motor	主机组件	2	个
4	轮胎	TQD-Micromouse Tyre	主机组件	2	个
5	电池	TQD-Micromouse Battery	主机组件	1	块
6	充电器（变压器＋平衡充）	TQD-Micromouse Charger	主机组件	1	套
7	光盘		主机组件	1	张
8	螺丝刀		主机组件	1	把
9	数据线		主机组件	1	根

附录C　ASCII对照表

ASCII 码		字符	ASCII 码		字符	ASCII 码		字符	ASCII 码		字符
十进制	十六进制		十进制	十六进制		十进制	十六进制		十进制	十六进制	
32	20	空格	56	38	8	80	50	P	104	68	h
33	21	!	57	39	9	81	51	Q	105	69	i
34	22	"	58	3A		82	52	R	106	6A	j
35	23	#	59	3B	;	83	53	S	107	6B	k
36	24	$	60	3C	<	84	54	T	108	6C	l
37	25	%	61	3D	=	85	55	U	109	6D	m
38	26	&	62	3E	>	86	56	V	110	6E	n
39	27	'	63	3F	?	87	57	W	111	6F	o
40	28	(	64	40	@	88	58	X	112	70	p
41	29		65	41	A	89	59	Y	113	71	q
42	2A	*	66	42	B	90	5A	Z	114	72	r
43	2B	+	67	43	C	91	5B	[	115	73	s
44	2C	,	68	44	D	92	5C	\	116	74	t
45	2D	-	69	45	E	93	5D	]	117	75	u
46	2E	.	70	46	F	94	5E	^	118	76	v
47	2F	/	71	47	G	95	5F	_	119	77	w

续表

ASCII 码		字符	ASCII 码		字符	ASCII 码		字符	ASCII 码		字符
十进制	十六进制		十进制	十六进制		十进制	十六进制		十进制	十六进制	
48	30	0	72	48	H	96	60	`	120	78	x
49	31	1	73	49	I	97	61	A	121	79	y
50	32	2	74	4A	J	98	62	B	122	7A	z
51	33	3	75	4B	K	99	63	C	123	7B	{
52	34	4	76	4C	L	100	64	D	124	7C	|
53	35	5	77	4D	M	101	65	E	125	7D	}
54	36	6	78	4E	N	102	66	F	126	7E	~
55	37	7	79	4F	O	103	67	G	127	7F	DEL